四川省"十四五"职业教育省级规划教材立项建设成果

公 共 基 础 课 系 列 教 材

高职信息技术应用项目化教程

（第二版）

主　编　刘志东　陶　丽　谢　亮

副主编　张　翔　曾　玲　程　琴　蔡雪梅

主　审　杨　葵

科 学 出 版 社

北　京

内 容 简 介

本书按照教育部办公厅印发的《高等职业教育专科信息技术课程标准（2021 年版）》的要求，以 Windows 10 + Office 2016 为平台，采用"项目引领、任务驱动"和"基于工作过程"的职业教育课程改革理念，组织编写内容。

本书包括课程导入部分和 5 个项目。课程导入部分介绍信息技术与计算机基础，云计算、物联网、大数据、人工智能、虚拟现实、区块链等新一代信息技术，信息素养与社会责任，信息安全；项目 1～项目 5 介绍信息检索，Word 2016、Excel 2016、PowerPoint 2016 办公软件，以及基于多媒体技术的 Photoshop、剪映、HTML5 等的基本应用。

本书由校企"双元"联合开发，强调"工学结合"，体现以人为本，落实课程思政，注重"岗课赛证"融通和信息化资源配套。

本书既可作为职业院校"信息技术"课程的教学用书，也可作为计算机相关行业从业者的参考书。

图书在版编目（CIP）数据

高职信息技术应用项目化教程/刘志东，陶丽，谢亮主编. —2 版. —北京：科学出版社，2024.2
四川省"十四五"职业教育省级规划教材立项建设成果　公共基础课系列教材

ISBN 978-7-03-077504-7

Ⅰ. ①高… Ⅱ. ①刘… ②陶… ③谢… Ⅲ. ①电子计算机-高等职业教育-教材 Ⅳ. ①TP3

中国国家版本馆 CIP 数据核字（2023）第 253139 号

责任编辑：张振华 / 责任校对：马英菊
责任印制：吕春珉 / 封面设计：东方人华平面设计部

科 学 出 版 社 出版
北京东黄城根北街 16 号
邮政编码：100717
http://www.sciencep.com

三河市骏杰印刷有限公司印刷
科学出版社发行　各地新华书店经销
*
2021 年 9 月第 一 版　开本：787×1092　1/16
2024 年 2 月第 二 版　印张：9 3/4
2024 年 8 月第八次印刷　字数：230 000

定价：42.00 元
（如有印装质量问题，我社负责调换）

销售部电话 010-62136230　编辑部电话 010-62135120-2005

前　　言

党的二十大报告指出："加快建设国家战略人才力量，努力培养造就更多大师、战略科学家、一流科技领军人才和创新团队、青年科技人才、卓越工程师、大国工匠、高技能人才。"为了深入贯彻落实二十大报告精神，编者根据二十大报告和《职业院校教材管理办法》《高等学校课程思政建设指导纲要》《"十四五"职业教育规划教材建设实施方案》《高等职业教育专科信息技术课程标准（2021 年版）》等相关文件精神，结合多年的教学经验、大赛经验和企业案例编写了本书。

在本书的编写过程中，编者紧紧围绕"培养什么人、怎样培养人、为谁培养人"这一教育的根本问题，以落实立德树人为根本任务，以培养学生综合职业能力为中心，以培养卓越工程师、大国工匠、高技能人才为目标。与同类图书相比，本书体例更加合理和统一，概念阐述更加严谨和科学，内容重点更加突出，文字表达更加简明易懂，典型案例和思政元素更加丰富，配套资源更加完善。

本书的特色主要表现在以下几个方面。

1. 校企"双元"联合编写，行业特色鲜明

本书是在行业专家、企业专家和课程开发专家的指导下，由校企"双元"联合编写而成的。本书的编者均来自教学或企业一线，具有多年的教学或实践经验，多数人带队参加过国家或省级的技能大赛，并取得了优异的成绩。在编写本书的过程中，编者紧扣课程标准、教学目标，遵循教育教学规律和技术技能人才培养规律，将信息技术发展的新理论、新标准、新规范和技能大赛要求的知识、能力与素养融入本书中，符合当前企业对人才综合素质的要求。

2. 编写理念新颖，适应项目化教学要求

本书采用"项目引领、任务驱动"和"基于工作过程"的职业教育课程改革理念，以真实生产项目、典型工作任务、案例为载体组织教学，能够满足项目化、案例化等不同教学方式的要求。每个项目包含若干任务，每个任务又包含"任务描述""任务目标""任务实施""相关知识""任务拓展"等模块，将知识、技能、素养的培育贯穿到实例中，具有很强的针对性和可操作性。

本书中的任务涵盖了 Word 2016、Excel 2016、PowerPoint 2016 及 Photoshop、剪映、HTML5 的技术应用。通过学习，学生能够迅速掌握各任务的知识、技能与素养点，快速提升信息技术应用水平及信息技术素养，达到事半功倍的学习效果。

3. 体现以人为本，强调综合职业能力的培养

本书切实从职业院校学生的实际出发，摒弃了以往信息技术基础类书籍中过多的理论描述，以浅显易懂的语言和丰富的图示来进行说明，不过度强调理论和概念，从实用、专

业的角度出发，剖析各知识点，强调动手能力和综合素质的培养。本书以练代讲，坚持"练中学，学中悟"。学生只要跟随操作步骤完成每个实例的制作，就可以掌握相关应用的技术精髓。

4. 融入思政元素，落实课程思政

为落实立德树人根本任务，充分发挥教材承载的思政教育功能，本书的编写深入贯彻落实党的二十大报告精神，将文化自信、规范意识、效率意识、质量意识、职业素养、工匠精神、审美情趣等思政元素融入教学内容，使学生在学习专业知识的同时，潜移默化地提升思想政治素养。

5. 配套立体化教学资源，适应信息化教学

为了方便教师教学和学生自主学习，本书配套有免费的立体化教学资源包，包括多媒体课件、微课视频等，下载地址为 www.abook.cn。此外，本书中穿插有丰富的二维码资源链接，方便学生通过扫描二维码观看相关的微课视频。

本书由四川城市职业学院刘志东、陶丽、谢亮担任主编，四川城市职业学院张翔、曾玲、程琴、蔡雪梅担任副主编。具体编写分工如下：陶丽、张翔编写课程导入部分，曾玲编写项目 1 和项目 4，蔡雪梅编写项目 2，程琴编写项目 3，谢亮编写项目 5，刘志东负责整体框架设计。四川城市职业学院杨葵教授对全书内容进行审定。

成都超星数图信息技术有限公司李翀为本书的编写提供了典型案例和素材，在此表示感谢！

由于编者水平有限，书中难免存在疏漏和不足之处，恳请广大读者批评指正。

编 者

2023 年 8 月

目　　录

课程导入 ·· 1

  0.1　信息技术与计算机基础 ·· 2

  0.2　新一代信息技术 ·· 11

  0.3　信息素养与社会责任 ·· 17

  0.4　信息安全 ··· 21

项目 1　信息检索 ··· 27

  任务 1.1　检索国家奖学金相关政策 ··· 28

  任务 1.2　检索乡村旅游助力乡村振兴论文信息 ························· 32

  任务 1.3　检索乡村旅游相关专利及商标 ··································· 35

项目 2　文档处理 ··· 39

  任务 2.1　制作社团招新电子海报 ·· 40

  任务 2.2　制作个人简历 ·· 47

  任务 2.3　专业调研报告排版 ·· 52

  任务 2.4　批量制作成绩单 ··· 61

项目 3　电子表格处理 ··· 66

  任务 3.1　制作并修饰学生信息表 ·· 67

  任务 3.2　制作学生成绩统计表 ··· 78

  任务 3.3　处理学生成绩数据 ·· 92

  任务 3.4　学生成绩表的统计分析 ·· 98

项目 4　演示文稿制作 ··· 105

  任务 4.1　制作自我介绍演示文稿 ·· 106

  任务 4.2　制作毕业论文答辩演示文稿 ······································ 118

项目 5　数字媒体应用 ··· 128

  任务 5.1　制作一寸蓝底证件照 ··· 129

  任务 5.2　制作宣传视频 ·· 134

  任务 5.3　制作旅游网页 ·· 142

参考文献 ·· 149

课 程 导 入

　　信息技术在推动人类社会进步的同时，也悄然改变着人们生活、工作和学习的方式。随着信息技术的广泛应用和不断发展、信息观念的日益更新、信息意识的逐渐增强，人类社会将进入一个崭新的信息时代。本部分将系统介绍信息技术与计算机基础、新一代信息技术、信息素养与社会责任、信息安全的内容。

▍学习目标

知识目标

- 了解信息的存储与表现形式，掌握各种数制之间的转换方法。
- 掌握计算机的硬件及软件系统组成。
- 认识计算机外连设备，了解微型计算机操作系统。
- 了解云计算、物联网、大数据、人工智能、虚拟现实和区块链的概念、特点、关键技术等基础知识。
- 了解信息素养的基本概念及主要要素、相关法律法规与职业行为自律的要求、具有信息素养的人的特征。
- 了解信息安全相关知识。

能力目标

- 能对 Windows 10 操作系统进行安装和设置。
- 能列举新一代信息技术在日常生活、工作、学习中的应用案例。
- 能利用信息设备和信息资源获取所需的信息。

素养目标

- 坚定技能报国、民族复兴的信念，自信自强、踔厉奋发。
- 树立正确的学习观，不负时代、不负韶华，立志成为行业拔尖人才。
- 具备信息意识、计算思维，增强信息素养与社会责任感。
- 拥有良好的职业精神，具备独立思考和主动探究的能力。

0.1 信息技术与计算机基础

1. 信息技术基础

（1）信息的存储形式

1）数制。

在日常生活中，人们常用十进制进行计数，但在计算机中采用的是二进制。计算机是由逻辑电路组成的，并采用二进制数表示信息，通常用"1"表示高电平，用"0"表示低电平。

数制也称进位计数制，是用固定的符号和统一的规则来表示数值的方法，通常包含数码、基数、位权 3 个要素。

微课：进位计数制及其转换

数码是数制中用来表示基本数值大小的不同数字符号。例如，十进制由 0、1、2、…、8、9 这 10 个数码组成。

基数是数制使用的数码的个数。例如，二进制的基数为 2，十进制的基数为 10。

对于多位数来说，处在某一位上的 1 所表示的数值大小称为该位的位权；对于 N 进制数来说，第 1 位的位权为 N。

① 十进制数。十进制由 0、1、2、…、8、9 这 10 个数码组成，即基数为 10，其特点为逢十进一、借一当十，十进制的各位的位权值为 10^{N-1}。在书写十进制数时，通常在数的右下角注上基数 10，或在后面加 D 表示（后缀 D 一般可省略）。D 是十进制对应英文 decimalism 的大写首字母。

② 二进制数。二进制的数码是 0、1，基数为 2，其特点为逢二进一、借一当二，二进制的各位的位权值为 2^{N-1}。在书写二进制数时，通常在数的右下角注上基数 2，或在后面加 B 表示。B 是二进制对应英文 binary 的大写首字母。

③ 八进制数。八进制由 0、1、2、3、4、5、6、7 这 8 个数码组成，即基数为 8。八进制的特点为逢八进一、借一当八，八进制的各位的位权值为 8^{N-1}。八进制用字母 O 表示。O 是八进制对应英文 octonary 的大写首字母。为避免字母 O 被误认为数字 0，也可标识为 Q。

④ 十六进制数。十六进制数由 0、1、2、…、9、A、B、C、D、E、F 这 16 个数码组成（其中 A～F 分别对应十进制数中的 10～15），基数为 16，十六进制的各位的位权值为 16^{N-1}。十六进制用字母 H 表示。H 是十六进制对应英文 hexadecimal 的大写首字母。

常用数制的表示方法如表 0-1 所示。

表 0-1　常用数制的表示方法

数制	基数	数码	位权
十进制	10	0、1、2、3、4、5、6、7、8、9	10^{N-1}
二进制	2	0、1	2^{N-1}
八进制	8	0、1、2、3、4、5、6、7	8^{N-1}
十六进制	16	0、1、2、3、4、5、6、7、8、9、A、B、C、D、E、F	16^{N-1}

2）数制之间的转换。

常用数制间的转换如表 0-2 所示。

表 0-2 常用数制间的转换

十进制	二进制	八进制	十六进制
0	0	0	0
1	1	1	1
2	10	2	2
3	11	3	3
4	100	4	4
5	101	5	5
6	110	6	6
7	111	7	7
8	1000	10	8
9	1001	11	9
10	1010	12	A
11	1011	13	B
12	1100	14	C
13	1101	15	D
14	1110	16	E
15	1111	17	F

① 将任意进制数转换为十进制数。将二进制数、八进制数和十六进制数转换为十进制数很简单，只要将其各位数码按位权展开相加即可，即按位权展开的多项式的和为十进制数。

【例 0.1】将二进制数 10011.101 转换为十进制数。

转换过程如下。

$$(10011.101)_2 = 1 \times 2^4 + 0 \times 2^3 + 0 \times 2^2 + 1 \times 2^1 + 1 \times 2^0 + 1 \times 2^{-1} + 0 \times 2^{-2} + 1 \times 2^{-3}$$
$$= 16 + 0 + 0 + 2 + 1 + 0.5 + 0 + 0.125$$
$$= (19.625)_{10}$$

② 将十进制数转换为二进制数。将十进制数转换为二进制数的方法为，先采用"除 2 取余法"对整数部分进行转换，再采用"乘 2 取整法"对小数部分进行转换。

【例 0.2】将十进制数 21.75 转换为二进制数。

先采用"除 2 取余法"对其整数部分进行转换，过程如下。

$$
\begin{array}{rl}
& \text{取余数} \quad \text{对应二进制数} \\
2\underline{|\ 21} & \cdots\cdots \text{余1} \cdots\cdots K_0 \ \text{最低位} \\
2\underline{|\ 10} & \cdots\cdots \text{余0} \cdots\cdots K_1 \\
2\underline{|\ 5} & \cdots\cdots \text{余1} \cdots\cdots K_2 \\
2\underline{|\ 2} & \cdots\cdots \text{余0} \cdots\cdots K_3 \\
2\underline{|\ 1} & \cdots\cdots \text{余1} \cdots\cdots K_4 \ \text{最高位} \\
0 &
\end{array}
$$

即整数部分为 21D=10101B。

再采用"乘 2 取整法"对小数部分进行转换，过程如下。

$$
\begin{array}{cl}
\text{对应的二进制位}\quad\text{取整数} & \\
& 0.75 \\
& \underline{\times\quad 2} \\
K_1\text{最高位}\ 1 & 1.50 \qquad\text{（用小数部分 0.5 乘以 2）} \\
& \underline{\times\quad 2} \\
K_2\text{最高位}\ 1 & 1.00
\end{array}
$$

即小数部分为 0.75D=0.11B。

将整数和小数部分组合，得 21.75D=10101.11B。

（2）信息的表现形式

计算机只能保存和处理纯粹的数字，而数学告诉人们，一切信息都可以用数字进行编码。任何可以被编码的信息都可以被计算机保存和处理。既然计算机只能保存纯数据，那么保存英文字母、汉字、音乐、图像等时就需要编码。编码是指把原始信息转换为纯数字的过程，而且还能解码还原。

1）ASCII。美国信息交换标准码（American standard code for information interchange，ASCII）是基于罗马字母表的一套计算机编码系统，它主要用于显示现代英语和其他西欧语言。它是现今最通用的单字节编码系统，等同于国际标准 ISO 646。

2）GB 2312。GB 2312 又称为 GB/T 2312—1980 字符集，全称为《信息交换用汉字编码字符集 基本集》，由国家标准总局发布，并于 1981 年 5 月 1 日实施，是中国国家标准的简体中文字符集。它共收录了 6763 个汉字。根据国家标准委 2017 年第 7 号公告，该标准自 2017 年 3 月 23 日起转为推荐性标准。

3）ANSI。不同的国家和地区制定了不同的标准，由此产生了 GB 2312、JIS 等编码标准。这些使用 2 字节来代表一个字符的各种汉字延伸编码方式称为美国国家标准研究所（American National Standards Institute，ANSI）编码。在简体中文系统下，ANSI 编码代表 GB 2312 编码；在日文操作系统下，ANSI 编码代表 JIS 编码。

4）Unicode。Unicode 字符集编码是通用多八位编码字符集（universal multiple-octet coded character set，UCS）的简称，支持世界上超过 650 种语言的国际字符集。Unicode 允许在同一服务器上混合使用不同语言组的不同语言。它是由 Unicode 联盟制定的字符编码系统，支持现今世界各种不同语言的书面文本的交换、处理及显示。该编码于 1990 年开始研发，于 1994 年正式公布，最新版本是 Unicode 13.0。Unicode 是一种在计算机上使用的字符编码，它为每种语言中的每个字符设定了统一且唯一的二进制编码，以满足跨语言、跨平台进行文本转换、处理的要求。

2. 计算机基础

（1）计算机的起源与发展

1）第一代电子管计算机（1946～1956 年）。

第一代电子管计算机的特点：其操作指令是为特定任务而编制的，每种机器有各自不同的机器语言，功能受到限制，速度也慢。另一个明显特征是使用真空电子管和磁鼓储存数据。

1946 年 2 月，美国宾夕法尼亚大学的莫克利（Mauchly）和埃克特（Eckert）领导的研究小组研究出了世界上第一台通用计算机——电子数字积分计算机（electronic numerical integrator and calculator，ENIAC），如图 0-1 所示。在 ENIAC 的实际制造过程中，莫克利是总设计师，埃克特则扮演总工程师的角色。ENIAC 大约由 18000 个电子管、1500 个继电器组成，功耗为 100～150kW，占地约 170m^2，重约 30t，平均每秒运算 5000 次浮点加法。

图 0-1　ENIAC（电子数字积分计算机）

ENIAC 存在两大缺点：一是没有存储器，二是没有太明晰的中央处理器（central processing unit，CPU）概念。但是，ENIAC 的发明为现代计算机在体系结构和工作原理上奠定了基础。

1948 年 12 月，ENIAC 的两个发明人埃克特和莫克利创立了自己的计算机公司——埃克特-莫克利计算机公司（Eckert-Mauchly Computer Corporation，EMCC）。该公司研发的 UNIVAC 是第一款商用计算机，并于 1951 年 6 月 14 日正式移交给美国人口普查局，用于公众领域的数据处理。UNIVAC 的产生奠定了计算机工业的基础。

2）第二代晶体管计算机（1957～1964 年）。

第二代晶体管计算机的特点：使用晶体管代替体积庞大的电子管，运算速度为每秒几万次至几十万次，主存储器（以下简称主存）以磁芯存储器为主，开始使用磁盘作为辅助存储器（也称外存储器，以下简称外存），软件系统开始使用高级程序设计语言和操作系统。

晶体管的平均使用寿命、耗电量、运算速度及机械强度均比电子管优越，这使计算机的体积变小、耗电量减小、价格降低、速度加快、可靠性提高，从而使计算机的应用得到进一步的发展。除科学计算外，这一时期开始使用计算机进行数据处理和过程控制。新的职业（程序员、分析员和计算机系统专家）和整个软件产业由此诞生。

3）第三代集成电路计算机（1965～1970 年）。

这一时期的计算机以小规模集成电路（small scale integration，SSI）和中规模集成电路（middle scale integration，MSI）作为逻辑元件。其主要特点是运算速度为每秒几十万次至几百万次，主存开始使用半导体存储器，外设、操作系统和高级语言得到进一步发展和完善，机型开始多样化、系统化，从而提高了计算机的效率。

半导体集成技术的使用，使计算机的体积、耗电量减小，可靠性和运算速度提高，总体性能较第二代提高了一个数量级，再加上配套的外设、高级语言和操作系统的进一步发展和完善，使计算机在科学计算、数据处理和过程控制等方面的应用更为广泛。

4）第四代大规模集成电路计算机（1971年至今）。

这一时期的计算机以大规模集成电路（large scale integration，LSI）及超大规模集成电路（very large scale integration，VLSI）作为逻辑元件。其主要特点是运算速度为每秒几百万次至几亿次，主存仍然为半导体存储器，外设和操作系统等进一步发展，机型向巨型化和微型化方向发展。

大规模及超大规模集成电路的出现，大大提高了硅片上电子元件的集成度，可将计算机的核心部分——运算器和控制器集成在一块极小的芯片上，从而增强了计算机的整体性能，并使计算机的运算速度更快、价格更低。随着各种外设、系统软件和应用软件的空前发展，计算机的应用已渗透到各领域，这为计算机的网络化创造了条件。

5）第五代计算机——智能型时代。

智能型计算机不是按其物理元件进行划分的，而是着眼于处理功能。其基本元件使用的仍是超大规模集成电路，但计算机的主要功能从信息处理上升为知识处理，使计算机具有人的某些智能，这是其与第四代计算机本质的区别。

一般认为，第五代计算机（智能型计算机）应具有以下几个方面的功能。

① 具有处理各种信息的能力。能对声音、文字、图像等形式表达的信息进行识别与处理。

② 具有一定的学习、联想、推理和解释问题的能力。

③ 具有对人类自然语言的基本理解能力和对自然语言编写程序的处理能力。只需把要处理或计算的问题用自然语言写出，并注明要求及说明，计算机就能理解其意图，并按人的要求进行处理或计算，而不需要专门的计算机算法语言把处理过程与数据描述出来。对于第五代计算机来说，人们希望告诉它要做什么，而不必告诉它怎么做。

（2）计算机的分类

计算机可分为巨型计算机、微型计算机、工作站、服务器、嵌入式计算机等。计算机的性能指标主要是指运算速度、字长、存储容量、指令系统类型、输入能力、输出能力、软件配置等各方面的综合。

1）巨型计算机。

巨型计算机又称超级计算机、尖端计算机，具有运算速度极快、效率极高、软件和硬件非常齐备、功能极强等众多优点，其主要性能位于各类计算机之首。它主要应用于尖端科学研究及军事技术等方面，是衡量一个国家经济实力和科技水平的重要标志之一。

在军事方面，巨型计算机可应用于战略防御系统、大型预警系统、航天测控系统等。在民用方面，巨型计算机可应用于大区域中长期天气预报、大面积物探信息处理系统、大型科学计算和模拟系统等。

近年来，我国巨型计算机的研发取得了巨大的成绩，先后推出了"曙光""联想""天河""神威"等代表国内最高水平的高性能计算机，并在国民经济的关键领域得到了应用。由国家并行计算机工程技术研究中心研制、安装在国家超级计算无锡中心的超级计算机——"神威·太湖之光"，安装了 40960 个中国自主研发的"申威 26010"众核处理器，该众核处理器采用 64 位自主申威指令系统，峰值性能为 12.5 亿亿次每秒，持续性能为 9.3 亿亿次每秒。2017 年 11 月 13 日，全球超级计算机 500 强榜单公布，"神威·太湖之光"以每秒 9.3 亿亿次的浮点运算速度第 4 次夺冠。2019 年 11 月 18 日，全球超级计算机 500 强榜单发布，中国超级计算机"神威·太湖之光"排名第 3 位。2020 年 7 月，中国科大在"神威·太湖之光"上首次实现了千万核心并行第一性原理计算模拟。"神威·太湖之光"如图 0-2 所示。

图 0-2 "神威·太湖之光"超级计算机

2）微型计算机。

微型计算机又称个人计算机，是将微处理器作为 CPU 的计算机。它是大规模集成电路发展的产物，具有体积小、价格低、功耗小、可靠性高、运算速度较快、性能和适用性强等特点，是当今应用最广泛、产销量最大、最受用户青睐的计算机。

目前，微型计算机主要可分成 4 类：台式计算机、笔记本电脑、平板电脑和种类众多的移动智能设备。智能手机具有冯·诺依曼体系结构，配置了操作系统，可以安装第三方软件，可归入移动智能设备，属于微型计算机范畴。

3）工作站。

工作站是一类性能较强的高档微型计算机系统，通常配有高分辨率的大屏幕显示器和大容量的存储器，具有较强的信息处理功能和高性能的图形、图像处理及联网功能。

工作站主要应用于计算机辅助设计（computer aided design，CAD）、计算机辅助制造（computer aided manufacturing，CAM）、动画设计、地理信息系统、图形图像处理、模拟仿真等领域。

4）服务器。

服务器是一种在网络环境中为多个用户提供服务的计算机系统。从硬件上来说，一台普通的微型计算机也可以充当服务器，只需要安装网络操作系统、网络协议和各种服务软件。根据提供的服务，服务器又可分为文件服务器、数据库服务器、Web 服务器等类型。

5）嵌入式计算机。

嵌入式计算机是指作为一个信息处理部件嵌入应用系统之中的计算机。嵌入式计算机与通用计算机在基础原理方面没有本质的区别，两者的主要区别在于嵌入式计算机系统和功能软件集成于计算机硬件系统中，也就是说，其系统的硬件和软件一体化。目前，嵌入式计算机广泛应用于各种家用电器中，如数字照相机、数字电视机、电冰箱、自动洗衣机等。

6）计算机的其他分类。

① 按信息表现形式和被处理的信息来分，计算机可分为数字计算机（数字量、离散的）、模拟计算机（模拟量、连续的）和数字模拟混合计算机。

② 按用途来分，计算机可分为通用计算机和专用计算机。

③ 按采用的操作系统来分，计算机可分为单用户操作系统、多用户操作系统、网络操作系统和实时计算机操作系统。

④ 按字长来分，计算机可分为 4 位、8 位、16 位、32 位、64 位计算机。

（3）计算机系统的组成

计算机主要由硬件系统和软件系统组成。

1）计算机硬件系统。

计算机硬件是构成计算机系统、各功能部件的集合，是由电子、机械和光电元件组成的各种计算机部件和设备的总称，是计算机完成各项工作的物质基础。计算机硬件是看得见摸得着的、实实在在存在的物理实体。

计算机硬件由 5 个基本部分组成：运算器、控制器、存储器、输入设备和输出设备。

① 运算器。运算器又称算术逻辑单元（arithmetic and logic unit，ALU），由数据寄存器、累加器、算术逻辑部件、辅助电路等组成，其主要功能是进行算术运算和逻辑运算。计算机中最主要的工作就是运算，大量的数据运算任务都是在运算器中进行的。

计算机中的算术运算是指加、减、乘、除等基本运算；逻辑运算是指逻辑判断运算，常用的逻辑运算有逻辑与（乘）、逻辑或（加）和逻辑非（否）。通常以每秒能完成的算术运算次数来衡量一台计算机的计算速度。由于运算器的运算速度非常快，所以计算机才有高速处理信息的能力。运算器中的数据取自内存储器，运算后的结果又被送回内存储器。运算器对内存储器的读、写操作是在控制器的控制下进行的。

② 控制器。控制器是计算机的指挥系统，由程序计数器、指令寄存器、指令译码器、时序部件和微操作控制部件等组成，是计算机的"神经中枢"和"指挥中心"。它从内存储器依次取出指令，然后将其译码，并按每条指令所规定的功能向整个系统发出相应的控制信号，实施对其他部件的控制，使计算机各部件统一、协调地运作。

整个计算机的运行过程大致可分为内部操作和外部操作两部分。内部操作是指内存与 CPU 之间的通信（数据传递、信号传递），外部操作是指输出设备、输入设备与内存储器之间的通信（数据传递、信号传递）。

通常将运算器和控制器统称为 CPU，如图 0-3 所示。CPU 是计算机运行的核心，无论是内部操作还是外部操作，

图 0-3　CPU

都离不开 CPU 的计算、判断和处理，因为系统的所有计算、比较和判断都是在 CPU 内完成的。在控制器的指挥下，外部操作通过输入设备将指令、数据等传递到内存储器中，再由运算器处理后返回内存储器，通过输出设备输出结果，最终达到完成工作的目的。

CPU 一般有通用 CPU 和嵌入式 CPU 两种类型。通用 CPU 和嵌入式 CPU 的区别主要在于应用模式的不同。一般来说，通用 CPU 追求高性能，功能比较强大，能运行复杂的操作系统和大型应用软件；嵌入式 CPU 则强调处理特定应用问题的高性能，主要用于运行面向特定领域的专用程序，配备轻量级操作系统，在功能和性能上有很大的变化范围，如用于手机、数字照相机等智能设备。

芯片的制造需要经过以下步骤：硅的采集、硅的提纯、晶圆的切割、晶圆的光刻、刻蚀、芯片测试和封装。每一步都需要技术支持。尽管欧美发达国家对我国进行技术封锁，但中芯国际芯片在技术创新方面不断取得突破。例如，在 14nm 技术上取得进展，并开始少量生产。虽然中芯国际在技术上与国际顶尖的芯片制造商还存在一定的差距，但其在成熟制程技术上的稳定发展，以及在国内外市场的广泛布局，使其在全球半导体产业链中占据了重要位置。图 0-4 为中芯国际芯片。

图 0-4 中芯国际芯片

③ 存储器。存储器的功能是存放程序和数据，是计算机中各种信息存储和交流的中心。用户可根据需要随时向存储器存取数据，通常，将信息存入存储器中称为写操作；从存储器中取出信息称为读操作。计算机的存储器分为内存和外存两种类型。

④ 输入设备。输入设备是指从计算机外部向计算机内部传送信息的装置。其功能是将数据、程序及其他信息，从人们熟悉的形式转换为计算机能够识别和处理的形式并输入计算机内部。

常用的输入设备有键盘、鼠标、光笔、扫描仪、数字化仪、条形码阅读器等。

⑤ 输出设备。输出设备是指将计算机的处理结果传送到计算机外部供计算机用户使用的装置。其功能是将计算机内部二进制形式的数据信息转换成人们所需要的或其他设备能接收和识别的信息形式。常用的输出设备有显示器、打印机、绘图仪等。

通常将输入设备和输出设备统称为 I/O（input/output，输入/输出）设备。它们都属于计算机的外设。

2）计算机软件系统。

计算机软件是指与计算机系统操作有关的各种程序，以及任何与之相关的文档和数据的集合。

软件由程序和文档两部分组成。程序由计算机最基本的指令组成，是计算机可以识别和执行的操作步骤；文档是指用自然语言或形式化语言所编写的用来描述程序的内容、组成、功能规格、开发情况、测试结构和使用方法的文字资料和图表。程序具有目的性和可执行性，文档则是对程序的解释和说明。

① 系统软件。系统软件一般是指控制和协调计算机及外设、支持应用软件开发和运行的系统，是无须用户干预的各种程序的集合。其主要功能是调度、监控和维护计算机系统；负责管理计算机系统中各种独立的硬件，使它们可以协调工作。操作系统是系统软件的核心，它的功能就是管理计算机系统的全部硬件资源、软件资源及数据资源，它具备 5 个方面的功能，即 CPU 管理、作业管理、存储器管理、设备管理及文件管理。操作系统是每一台计算机必不可少的软件，常见的操作系统有 DOS、Windows、macOS、UNIX、Linux 等。

② 应用软件。应用软件是指在计算机各应用领域中，为解决各类实际问题而编制的程序，它用来帮助人们完成在特定领域中的各种工作。应用软件主要包括：文字处理程序（如 Word）、表格处理程序（如 Excel）、辅助设计程序（如 CAD）等。

③ 软件设计语言。软件设计语言按其发展演变过程可分为机器语言、汇编语言和高级语言，前两者统称为低级语言。

机器语言是直接由机器指令（二进制）构成的，因此由它编写的计算机程序不需要翻译就可以直接被计算机系统识别并运行。这种由二进制代码指令编写的程序最大的优点是执行速度快、效率高。但同时也存在着严重的缺点：机器语言很难被掌握、编程烦琐、可读性差、易出错，并且依赖于具体的机器，通用性差。

汇编语言采用一定的助记符号表示机器语言中的指令和数据，是符号化了的机器语言，也称符号语言。汇编语言程序指令的操作码和操作数全都用符号表示，大大方便了记忆，但用助记符号表示的汇编语言与机器语言归根到底是一一对应的关系，都依赖于具体的计算机，因此都是低级语言。其同样具备机器语言的缺点，如缺乏通用性、编程烦琐、易出错等，只是在程度上有所不同罢了。用汇编语言编写的程序不能在计算机上直接运行，必须先被一种称为汇编程序的系统程序"翻译"成机器语言程序，才能被计算机执行。任何一种计算机都配有只适用于自己的汇编程序。

高级语言又称算法语言，它与机器无关，是近似于人类自然语言或数学公式的计算机语言。高级语言克服了低级语言的诸多缺点，它易学易用、可读性好、表达能力强（语句用较为接近自然语言的英文文字来表示）、通用性好（用高级语言编写的程序能使用在不同的计算机系统上）。但是，用高级语言编写的程序仍不能被计算机直接识别和执行，它也必须经过某种转换才能被执行。

计算机语言越低级，速度就越快，因为越低级，就越符合计算机的思维。所以计算机语言中执行速度最快的是机器语言，汇编语言其次，高级语言最慢。高级语言中 C 语言的速度最快，C++其次，Java 和 C#最慢。

Java 和 C#虽然速度慢，但它们在任何机器上都可以运行，而且运行结果一模一样，这是它们的一个优点，也是它们流行的原因之一。

（4）计算机的性能

1）字长。字长是指 CPU 能够直接处理的二进制数据位数，它决定着计算机的计算精度、功能和速度。字长越长，计算机的处理能力越强，精度越高。计算机按字长可分为 8 位（如早期的 Apple 机）、16 位（如 286 微型计算机）、32 位、64 位。64 位 CPU 是目前的主流，用户购买计算机时，应该考虑 64 位计算机。

2）速度。速度主要包括运算速度和存储速度。运算速度用每秒能执行多少条指令来表示，单位一般为百万条指令每秒（million instructions per second，MIPS）。当前个人计算机的运算速度在 1500MIPS 以上。存储速度是指存储器完成依次读取或写入操作所需要的时间。连续两次读写所需要的最短时间，称为存取周期。

3）主频。主频是指 CPU 的时钟频率，它在很大程度上决定了计算机的运算速度，主频越高，计算机的运算速度就越快。主频的单位是 MHz（兆赫兹），现在主流的 CPU 主频一般为 2.8GHz、3.0GHz 或之上。

4）存储容量。存储容量，统指内存、外存和缓存的大小。存储器均以字节（byte，B）为单位。存储容量反映了存储器存储数据的能力。目前，家用计算机的内存一般为 2GB 和 4GB，如果要用于视频的制作，则可以考虑更大的内存。

5）外设设置。外设是指计算机的 I/O 设备及外存，如键盘、鼠标、显示器、打印机、硬盘等。计算机外设配置的好坏，也是决定计算机性能高低的主要因素之一。

6）可靠性。计算机的可靠性是一个综合指标，由多项指标来综合衡量，但一般常采用平均无故障时间和平均故障修复时间来进行衡量。

0.2 新一代信息技术

1. 大数据

大数据技术指的是一种以高速、多样、大容量的数据集合为基础，通过先进的技术手段在数据采集、存储、管理、处理和分析等方面进行操作，从中挖掘出有价值的信息并进行决策支持的技术。

微课：大数据技术

（1）大数据技术的特点

1）三维特性：大数据技术的数据集合具有高速、多样、大容量 3 个维度。数据的产生速度快，类型多样，并且数据量庞大。

2）价值性：大数据技术可以从数据集合中挖掘出有价值的信息，为企业决策和商业竞争提供支持。

3）异构性：大数据技术的数据集合多种多样，包含结构化数据和非结构化数据，需要通过清洗、整合和融合等手段进行统一的管理和分析。

4）实时性：大数据技术可以实时地处理和分析数据集合，以提供及时的决策支持。

（2）大数据技术的应用场景

1）金融领域。

① 风险管理：利用大数据技术对大量的金融数据进行挖掘和分析，提供风险评估和预警服务。

② 消费者行为分析：利用大数据技术对消费者的行为数据进行分析，了解消费偏好，提供个性化的金融产品和服务。

③ 欺诈检测：利用大数据技术对金融诈骗行为进行分析和预警，提高金融安全性。

2）医疗健康领域。

① 疾病预测：利用大数据技术对病历数据、生命体征数据等进行分析，预测疾病的发生和发展趋势。

② 医疗资源优化：利用大数据技术对医疗资源进行分析和调度，提高医疗效率和服务质量。

③ 个性化医疗：利用大数据技术对个体基因、生活习惯等进行分析，提供个性化的医疗方案和健康管理。

3）市场营销领域。

① 客户画像：利用大数据技术对客户行为、兴趣偏好等进行分析，建立客户画像，提供精准的市场营销策略。

② 营销推荐：利用大数据技术对消费者历史购买数据进行分析，为消费者推荐个性化的产品和服务。

③ 市场预测：利用大数据技术对市场趋势、竞争对手等进行分析，预测市场变化和趋势。

2. 人工智能

（1）人工智能的概念

人工智能（artificial intelligence，AI）是解释和模拟人类智能、智能行为及其规律的学科，是计算机科学的一个分支。人工智能利用计算机模拟人类的智力活动，其研究目的是促使智能机器会听（语音识别、机器翻译等）、会看（图像识别、文字识别等）、会说（语音合成、人机对话等）、会思考（人机对弈、定理证明等）、会学习（机器学习、知识表示等）、会行动（机器人、自动驾驶汽车等）。人工智能研究的一个主要目标是使机器能够胜任一些通常需要借助人类智能才能完成的复杂工作。

微课：人工智能技术

（2）人工智能的三要素

数据、算法和算力是人工智能的三要素，也是其核心驱动力，用来支撑人工智能核心技术的应用。现阶段，数据、算法和算力生态条件日益成熟，人工智能将迎来新一轮的发展机遇。

（3）人工智能的关键技术及应用

人工智能的关键技术包括机器学习、知识图谱、自然语言处理、人机交互、计算机视觉、生物特征识别等。

1）机器学习是人工智能重要的实现方式，它致力于使机器通过学习获得进行预测和判断的能力。机器学习在语音识别、图像识别、信息检索和生物信息等计算机领域获得了广泛应用，其中"今日头条"的资讯推荐算法就是对机器学习中逻辑回归算法的典型应用。

机器学习分为传统机器学习和深度学习。传统机器学习不涉及深度神经网络，是基于传统的统计学和算法技术；而深度学习是建立深层结构模型的学习方法。典型的深度学习算法包括深度置信网络、卷积神经网络、受限玻尔兹曼机和循环神经网络等。黑白照片变彩色照片就是对深度学习的典型应用。

2）知识图谱本质上是结构化的语义知识库，是揭示实体之间关系的语义网络。通俗地讲，知识图谱就是把所有不同种类的信息连接在一起而得到的一个关系网络，具备从"关系"的角度分析问题的能力。对知识图谱最典型的应用就是智能检索，它为互联网上海量、异构、动态的大数据的表达、组织、管理及利用提供了一种更为有效的方式，使网络的智能化水平更高，更接近人类的认知思维。

3）自然语言处理是实现人与计算机之间用自然语言进行有效通信的各种理论和方法。它的应用主要包括机器翻译、机器阅读理解和问答系统等。

4）人机交互主要研究人与计算机之间的信息交换，是人工智能领域的重要外围技术，包括语言交互、情感交互、体感交互及脑机交互等技术。常见的人机交互应用有百度导航的小度语言助手等。

5）计算机视觉是指使计算机模仿人类的视觉系统，让计算机拥有类似人类提取、处理、理解和分析图像及图像序列的能力。换言之，计算机视觉就是让机器拥有和人一样的视觉系统，从"看"到的场景中获取信息。常见的计算机视觉应用有自动驾驶、机器人和智慧医疗等。

6）生物特征识别是指通过个体的生理特征或行为特征对个体身份进行识别认证的技术。这些特征是每个人独一无二的，因此可以用于确保身份安全和访问控制。智能手机中的指纹识别和人脸识别就是生物特征识别技术常见的应用。目前，生物特征识别作为重要的智能化身份认证技术，在金融、公共安全、教育、交通等领域得到了广泛应用。

3. 云计算

云计算技术是一种基于互联网的计算方式，它能够提供灵活、高效的 IT 服务，使用户可以随时随地通过网络访问数据和应用程序。云计算技术通过将数据和应用程序存储在远程的服务器上，而不是本地计算机或传统的数据中心，使用户可以通过 Web 浏览器实现相同的功能并获取所需的数据。

（1）云计算技术的概念

云计算技术是一种将大量计算机资源集中起来，并通过网络对外提供服务的计算模式。这种计算模式的核心是将大量物理硬件转换为虚拟的资源池，将数据和应用程序存储在云端，用户通过 Web 浏览器可以实现相同的功能并获取所需的数据。云计算技术可以具有数据共享、灵活扩展、高可用性和安全性等优点。

（2）云计算技术的部署模式

1）公有云：采用运行公共云的所有基础架构技术并将其存储在本地，从而为用户提供运行公共云的所有功能。用户可以通过 Web 浏览器进行访问并获取所需的数据。公有云需要有专门的 IT 部门进行维护。

2）私有云：一种云计算模式，它将云计算资源专门用于单一组织或企业。与公有云不同，私有云在组织的防火墙内部署，提供更高的安全性和隐私保护。私有云可以由组织自行管理，也可以由第三方服务提供商管理，但资源不与外部共享，以确保数据的专属性和控制性。它适用于对数据安全性、合规性有特殊要求的场景，如金融服务、医疗保健和政府部门。私有云的部署可以基于虚拟化技术，实现资源的灵活分配和管理，提高 IT 效率和降低成本。

3）混合云：公有云和私有云的结合，可以发挥出所混合的多种云计算模型各自的优势。通过使用混合云，企业可以在公有云上运行非核心应用程序，而在私有云上支持其核心程序及内部敏感数据。

（3）云计算技术的应用

云计算技术被广泛应用于各种领域，如金融、制造、教育、医疗、游戏、会议和社交等。金融云可以提供金融服务，制造云可以提供制造资源和能力服务，教育云可以提供教育资源和能力服务，医疗云可以提供医疗卫生服务，云游戏可以提供游戏服务，云会议可以提供远程会议服务，云社交可以提供社交服务。

4. 物联网

物联网（Internet of things，IoT）的基本概念是通过互联网连接和通信技术，实现各种物理设备、传感器、数据存储设备、软件等之间的互联互通，旨在实现物与物、物与人之间的智能化互联，从而完成自动化控制、信息收集和远程监控等功能。简单来说，物联网就是将各种智能设备通过互联网相互连接，实现数据共享和交流，以提高生产效率、降低成本和提升用户体验。

（1）物联网技术的特征

1）物体既可以是实物，也可以是虚拟物品，能够通过标识进行识别。

2）物体能够利用传感器与周边环境进行交互，并在资源和服务方面与其他物体竞争。

3）物体具有社会、自控和自我复制的特征。

（2）物联网技术的体系结构

物联网的体系结构可以分为以下几个层次。

1）感知层：这是物联网的最底层，包括各种传感器、执行器、标签等物理设备。这些设备可以感知环境中的各种信息，如温度、湿度、光照、压力和声音等。

2）网络层：这是物联网的通信基础，包括各种传输介质、通信协议和网关。在这一层，各物理设备可以相互通信和交换数据，形成一个统一的网络。

3）应用层：这是物联网与用户的接口，能够针对不同用户和行业的应用需求，提供相应的管理平台和运行平台。

4）服务管理层：通过大型计算机系统对现有网络信息进行及时的管理控制，为上层应用提供优质服务。

（3）物联网技术的应用

物联网的应用范围非常广泛，涵盖了工业、农业、交通、医疗、家居等多个领域。例如，在工业领域，物联网可以帮助企业实现设备的自动化监控和维护，提高生产效率和产品质量；在农业领域，物联网技术可以用于智能农业，实现精准农业和智能灌溉等；在交通领域，物联网技术可以实现智能交通管理，提高交通效率和安全性；在医疗领域，物联网技术可以实现远程监控和诊断，提高医疗服务的质量和效率；在家居领域，物联网可以帮助家庭实现智能化控制，提升居住的舒适度和安全性。

5. 虚拟现实

虚拟现实（virtual reality，VR）是一种综合计算机、电子信息、仿真技术等多种高科技的最新成果，其基本实现方式是以计算机技术为主，利用并综合三维图形技术、多媒体技术、仿真技术、显示技术、伺服技术等多种高科技的最新发展成果，借助计算机等设备生成一个逼真的三维视觉、触觉、嗅觉等多种感官体验的虚拟世界。

（1）虚拟现实技术的特征

1）多感知性：虚拟现实技术具有一切人类所拥有的感知功能，如听觉、视觉、触觉、味觉、嗅觉等感知系统。

2）沉浸感：虚拟现实技术通过头戴式设备，使用户仿佛身临其境地进入一个逼真的三维虚拟环境，让人感觉仿佛置身于另一个世界中。

3）可交互性：在虚拟环境中，用户可以通过特定的设备与虚拟对象进行交互，操作虚拟世界中的物体，得到反馈。

4）可想象性：虚拟现实技术的另一个特点是可想象性，用户可以在虚拟环境中进行创造性设计，发挥自己的想象力。

（2）虚拟现实技术的应用

1）游戏领域：虚拟现实技术在游戏领域的应用最为广泛。通过虚拟现实技术，玩家可以身临其境地体验游戏场景，提高游戏的沉浸感和娱乐性。

2）电影领域：虚拟现实电影打破了传统观影模式，让观众成为电影的一部分。通过头戴式显示器，观众可以自行选择视角，体验更加丰富的视觉效果。

3）教育领域：虚拟现实技术为教育提供了新的可能。通过模拟实验、虚拟场景等手段，学生可以在虚拟环境下体验各种情境，提高学习效果。

4）房地产领域：虚拟现实技术可以让购房者更加直观地了解房屋布局、装修效果等信息，提高购房体验。同时，虚拟现实技术也可用于虚拟样板房设计，降低开发成本。

5）医疗领域：虚拟现实技术在医疗领域的应用日益广泛，如手术模拟训练、康复训练等。通过虚拟现实技术，医生可以在虚拟的环境下进行模拟操作，提高手术技能。

6）旅游领域：虚拟现实技术与旅游业的结合，将为游客提供更加丰富的旅游体验。例如，通过虚拟现实技术，用户可以在虚拟环境中进行旅游规划、预览景点等。

7）工业设计：在工业设计中，虚拟现实技术可用于创建产品原型和进行仿真测试，帮助设计师更好地理解产品的外观和性能。

8）军事领域：在军事领域中，虚拟现实技术可用于模拟战场环境和训练士兵，提高战斗力和应对能力。

9）航天领域：在航天领域中，虚拟现实技术可用于模拟太空环境和工作任务，帮助宇航员进行训练和准备。

10）娱乐产业：在娱乐产业中，虚拟现实技术可以为观众提供沉浸式的娱乐体验，如音乐会和演出等。

虚拟现实技术的应用非常广泛，除上述领域外，还可以应用于建筑设计、物流管理等领域。未来随着技术的不断发展和应用的普及，相信虚拟现实技术将会在更多的领域得到应用并发挥重要作用。

6. 区块链

区块链是一种分布式数据库，它由一系列按照时间顺序排列的数据块组成，并采用密码学方式保证不可篡改和不可伪造。区块链技术最初起源于比特币，作为比特币的底层技术，用于去中心化和去信任地维护一个可靠的数据库。

（1）区块链技术的特点

1）去中心化：区块链采用分布式存储方式，没有中心化的硬件或管理机构，所有节点共同维护区块链网络。

2）不可篡改：每个区块链节点都保存着完整的历史记录，对于已经写入区块链的数据，在不得到网络共识的情况下不可篡改。

3）匿名性：通过使用公钥加密和私钥解密的方式，区块链可以实现匿名交易。

4）开放性：任何人都可以加入区块链网络，共同维护区块链，推动区块链的发展和应用。

5）高安全性：区块链采用密码学算法等安全技术，保证数据的安全性和完整性，同时区块链本身的设计也是非常安全的。

（2）区块链技术的系统架构

区块链系统通常分为三层架构：应用层、数据层和网络层。应用层是区块链系统的上层应用，包括各种基于区块链的应用；数据层是区块链的分布式数据库，包括数据区块、链式结构等；网络层是基于对等网络（peer to peer，P2P）协议的节点通信。

（3）区块链技术的应用

区块链技术的应用范围非常广泛，包括数字货币、供应链管理、电子投票、身份认证等多个领域。在数字货币方面，比特币等基于区块链技术的数字货币已经得到了广泛应用；在供应链管理方面，区块链技术可以用于追踪商品的生产、运输和销售全过程；在电子投票方面，区块链技术可以用于实现公正透明的投票过程；在身份认证方面，区块链技术可以用于保护用户的个人信息和隐私。

0.3 信息素养与社会责任

信息素养（information literacy）的本质是全球信息化需要人们具备的一种基本能力。这是一种综合能力，涉及人文、技术、经济、法律等诸多因素，和许多学科有着紧密的联系。

1974 年，美国信息产业协会的主席保罗·泽考斯基向美国图书馆与信息科学委员会提交了《信息服务环境：关系与优势》（The Information Services Environment Relationships and Priorities）报告，最早使用了信息素养的概念。其中，将信息素养定义为"利用多种信息工具及主要信息资源使问题得到解决的技术和技能"。

1989 年，美国图书协会（American Library Association，ALA）在报告中对具有信息素养的人做了具体的描述："要想成为具有信息素养的人，应该能认识到何时需要信息，并拥有确定、评价和有效利用所需信息的能力……从根本意义上说，具有信息素养的人是那些知道如何进行学习的人。他们知道如何进行学习，是因为他们知道知识是如何组织的，如何寻找信息，并如何利用信息。他们能为终身学习做好准备，因为他们总能寻找到为做出决策所需的信息。"

简而言之，有信息素养的人是一个懂得如何在信息社会实践终身学习的人。从信息时代步入智能时代，能在信息和科技的环境中有效地学习；能在充满竞争的快节奏的社会中有效率地工作；能有效地利用信息、掌握研究方法和学习技能。

1. 信息素养

（1）信息素养能力

信息素养是指个人在信息时代运用信息技术获取、评估、利用和创造信息的能力。它强调了个人对信息的理解、处理和利用能力，以及适应信息化社会的需求。具体而言，它包括以下几个方面。

微课：信息素养特点与内涵

1）信息获取能力：指个人能够有效地获取所需的信息，包括了解如何使用各种信息资源（如网络、图书馆、数据库等）进行检索和浏览，并具备从学术期刊、报纸、互联网等各种渠道获取所需信息的能力。

2）信息评估能力：指个人能够对所获得的信息进行分析和评估，包括判断信息的真实性、准确性、可靠性、权威性，以及信息背后的立场和目的，以便做出合理的决策和判断。

3）信息管理能力：指个人可以有效地组织和管理自己所获取到的信息，包括能够整理和归纳信息、建立个人的信息库、进行分类和标注、制作信息摘要等。

4）信息利用能力：指个人能够将所获取到的信息应用到实际问题中，包括能够进行思考、分析、综合、推理和解决问题等。

5）信息交流与合作能力：指个人具备良好的沟通和协作能力，能够有效地与他人进行信息交流和协同合作，构建知识共享、合作学习和团队合作的环境。

信息素养的提升对个人的生活、学习和工作都具有重要意义。它不仅能够帮助个人更好地适应信息时代的发展，还能提高个人的学习能力、问题解决能力和创新能力，帮助个人更好地理解和应对复杂多变的信息环境，提高个人的竞争力。因此，信息素养已经成为现代社会中不可或缺的一项基本素质。

（2）信息素养的主要要素

信息素养包括4个方面：信息意识、信息知识、信息能力和信息道德。信息素养是人的整体素质的一部分，是人在未来的信息社会生活必备的基本能力之一。其中，信息意识是前提，信息知识是基础，信息能力是保证，信息道德是准则。

1）信息意识：指个体能清醒地认识和理解信息的重要性和作用。当一个人具备信息意识时，他就能够意识到信息的价值，具备在日常生活和工作中获取和利用信息的能力，并能够主动、积极地利用信息解决问题和做出判断。信息意识涵盖了以下几个方面的内容。

① 信息的重要性：个体应意识到信息对于生活、学习和工作的重要性。信息是获取知识的基础，是决策和判断的依据，具备信息意识意味着个体能够认识到信息的价值，以及在日常生活和工作中需要获取和利用信息的重要性。

② 信息的获取渠道：个体应了解并掌握各种信息的获取渠道，并能在不同渠道中选择合适的方法来获取所需信息。这包括图书馆、互联网、数据库、媒体等多种渠道，个体需要具备灵活运用不同渠道的能力。

③ 信息的理解和应用：个体需要具备对获得的信息进行理解和应用的能力。这包括对信息进行分析、综合和整合的能力，以及将信息应用于实际问题解决、决策和创新的能力。

④ 信息安全和隐私保护：个体应意识到信息安全和隐私保护的重要性，遵守相关的法律和道德规范，保护自己的个人信息和他人的隐私权。

⑤ 知识产权和版权：个体应该了解知识产权和版权的相关法律和规定，尊重他人的知识产权，遵守版权法律法规。

信息意识的培养要求个体积极关注信息的发展和变化，主动获取和利用信息，同时具备对信息的正确评估和使用的能力。通过培养信息意识，个体能够更好地适应信息时代的发展需求，提高对信息的敏感度和应对信息挑战的能力。

2）信息知识：指个体掌握的关于信息的基本概念、原理、技术和工具的知识。个体通过学习和掌握相关的信息知识，能够更好地从各种信息源中筛选和获取所需的有效信息。信息知识涵盖了以下几个方面的内容。

① 信息概念和原理：个体需要了解基本的信息概念和原理，包括信息的定义、特征、传播方式等，以便对信息有更深入的理解。

② 信息检索和评估：个体需要学习如何进行有效的信息检索和评估，掌握使用各种工具和技术查找并判断信息真实性、准确性和可靠性的方法。

③ 信息资源和渠道：个体需要了解不同的信息资源和获取渠道，包括图书馆、数据库、互联网、媒体等，了解它们的特点、用途和使用方法。

④ 信息组织和管理：个体需要掌握信息组织和管理的技巧，包括整理和归纳信息、建立信息库、分类和标注信息、制作信息摘要等。

⑤ 信息素养工具和技能：个体需要掌握使用信息技术工具和平台的基本技能，如计算机基础操作、网络检索、数据处理和软件应用等。

通过学习和掌握这些信息知识，个体能够更好地理解和运用信息，提高对信息的理解力和分析力，同时也能够更有效地获取和利用所需信息，满足自身学习、工作和生活的需求。

3）信息能力：指个体运用信息知识和技能进行信息获取、评估、整理和应用的能力。它包括信息搜索与筛选能力、信息分析与整合能力、信息组织与管理能力、信息创新与应用能力等。个体通过不断的实践和训练，可以提升自己的信息能力，更好地适应信息时代的需求。信息能力涵盖了以下几个方面的内容。

① 信息检索与筛选能力：个体需要具备有效的信息检索和筛选能力，包括合理选择检索工具和关键词、运用检索技巧和策略、评估检索结果的质量和可靠性等。

② 信息分析与整合能力：个体需要具备对信息进行分析和综合的能力，能够从多个信息源中提取有用信息并加以整合，形成全面准确的知识结构。

③ 信息评价与鉴别能力：个体应具备对信息的准确性、可靠性和权威性进行评价和鉴别的能力，判断信息来源的可靠性、信息背后的意图和立场，避免受到虚假信息的误导。

④ 信息创新与应用能力：个体需要具备将信息灵活应用于实际问题解决和创新的能力，能够将所获得的信息应用于实践、创造和解决问题，开展独立思考和创新工作。

⑤ 信息组织与管理能力：个体应具备对信息进行组织和管理的能力，包括整理和归纳信息、建立信息库、制作信息摘要等，以便更好地利用和回顾所获取到的信息。

⑥ 信息沟通与合作能力：个体需要具备良好的信息沟通和合作能力，能够有效交流、分享和协作，构建知识共享、合作学习和团队合作的环境。

通过培养和提升信息能力，个体可以更好地处理和利用信息，更高效地解决问题、提高工作效率、推动创新与发展。信息能力的提升不仅有助于个体在学习和工作中获得成功，还有助于个体在信息时代中适应不断变化的信息环境，更好地应对挑战和发挥潜力。

4）信息道德：指个体在处理和利用信息时应遵守的道德准则和伦理规范。个体在具备信息道德的基础上，能够正确、高效地处理和利用信息，同时也尊重他人的权益和社会的整体利益。信息道德涵盖了以下几个方面的内容。

① 尊重他人的隐私权和知识产权：个体应该尊重他人的隐私权，不擅自获取、使用或泄露他人的个人信息。同时，个体也应该尊重知识产权，包括文档、软件、音视频等信息资源的版权和知识产权。

② 不传播虚假和误导信息：个体应该避免散布虚假或误导性的信息，应该验证信息的准确性和真实性，在转发和分享信息时慎重考虑源头的可靠性。

③ 遵守法律法规和相关规定：个体应意识到在信息的获取、使用和传播过程中需要遵守相关的法律法规和道德规范，包括互联网上的网络安全法规、知识产权法律法规等。

④ 促进信息公平和开放：个体应该积极支持信息的公平和开放，倡导信息资源的共享和传播，尊重并遵守开放许可协议和知识共享原则。

⑤ 社会责任感：个体应该具有社会责任感，将个人获取到的信息用于正当目的，在信息传播和使用中考虑社会和集体的利益，如避免恶意攻击、侵犯他人权益等行为。

通过培养信息道德，个体能够树立正确的价值观和行为准则，遵循道德规范，合法合规地处理和利用信息。同时，也能够培养个体的社会责任感和公民意识，更好地适应信息时代的发展和社会需求。

2. 职业行为自律与社会责任

（1）中国互联网行业自律公约

在《加强互联网平台规则透明度自律公约》总则第一条就提出："为进一步提升互联网平台规则的透明度，保护依托互联网平台开展活动各主体的合法权益，维护公平竞争、合理有序的市场环境，促进我国互联网行业健康可持续发展，制定本公约。"也就是说，行业的自律公约是为了促进互联网行业的整体发展需要所有从业人员都遵守的公约。同时，该公约规定了互联网行业自律的基本原则是爱国、守法、公平、诚信。

在当今信息社会中，自觉遵守相关法律法规和信息道德，秉持正确的职业理念非常有必要，也不会过时。其中，学习身边的先进模范人物是很有益的，可以通过他们的典范行为和精神榜样来启发和激励自己。

学习榜样的同时，我们也应该时刻保持自我激励，坚定抵制拜金主义、享乐主义等腐朽思想的侵蚀。这些思想容易导致道德沦丧、个人利益至上的行为，而我们应该强调更加积极正面的价值观，如努力奋斗、责任担当和社会公益意识等。

同时，我们还要大力弘扬新时代的职业精神，包括对工作的敬业精神、团队合作精神、创新精神等。这些职业精神能够帮助我们更好地适应信息社会的变化，提高自己的行为能力和社会责任感。

总之，参与信息社会需要我们充分认识到自己的行为对社会产生的影响，要从个人层面开始，树立正确的职业理念，不断提高自身的行为能力和道德素养，以积极的态度参与到社会的发展中去。

（2）职业行为自律

职业行为是一个自我规范和自我约束的行为机制，自律有助于个人在职业生涯中建立良好的声誉和形象，更重要的是对整个行业起到规范和引领的作用，推动行业的健康发展。同时，个人通过自律可以提升自身的修养和素质，不断完善自己，进一步提高职业竞争力和发展空间。具体来说主要有以下几方面的内容。

1）遵循职业道德：个人或团体应该遵守职业道德准则，包括诚实守信、保护客户利益、尊重他人权益、专业行为等。

2）遵守法律法规：个人或团体应该遵守相关的法律法规，不违反法律红线，不从事违法犯罪活动，维护社会公序良俗。

3）公平竞争：个人或团体应该遵循公平竞争原则，不采取不正当手段，不进行恶性竞争，保持市场的公平和健康发展。

4）提升自身素质：个人或团体应该不断提升自身的专业能力和素质水平，通过学习和培训不断完善自己，以适应市场的变化和发展。

5）尊重职业规范：个人或团体应该尊重和遵守行业内的规范和准则，参与和支持行业组织的自律机制，共同维护行业利益。

职业行为自律也强调公平竞争原则。个人或团体应该遵循公平竞争的准则，不采取不正当手段和不公平竞争策略，保持市场的公平和健康发展。

职业行为自律还要求个人或团体不断提升自身素质和专业能力。通过学习、培训和持续的自我提升，个人或团体能够适应市场的变化和发展，并更好地为行业和社会提供优质的服务。

0.4 信 息 安 全

信息安全是指保护信息系统和数据免受未经授权的访问、使用、披露、破坏、干扰的一系列措施。随着数字化时代的到来，信息安全变得越发重要，因为人们越来越多地依赖于数字系统进行工作、交流和存储敏感信息。

在日常的运营中，信息安全的主要目标是保护系统的机密性、完整性和可用性。保护机密性意味着只有授权的人才可以访问敏感信息，确保信息不会被泄露给未经授权的个人或组织。保护完整性意味着防止信息在传输或存储过程中被篡改或损坏。保护可用性意味着确保信息系统和数据能够按需使用，不受任何干扰或故障的影响。

为了实现信息安全，可以采取多种措施，在技术上可以采用如访问控制技术、加密技术、防火墙技术等。当然网络安全除了在技术上进行防范，还需要对操作人员进行培训，以及制定完整的数据备份流程。另外，信息安全也需要操作人员具备持续监测、修复漏洞和响应事态的能力。

1. 信息安全概述

（1）信息安全意识与常见的网络欺诈行为

微课：信息安全意识
与电诈防护

对于现代社会来说，普通的用户面临着多样且复杂的网络安全威胁。有人提出：是不是不使用网络就不会面对网络问题？有这样想法的人，都是还只基于独立个体的思维来思考问题。而现实的情况是，你的信息有可能是从其他的路径和方式被非法泄露或获取到的。因此，可信的信息安全防御应该是从信息安全意识入手，使人们建立起必要的信息安全意识，同时不断学习并识别出最新的网络欺诈行为，这样才能有效地保护信息安全。

对于普通人来说，具备一定的网络安全意识非常重要，这样可以帮助大家保护个人信息和减少遭受网络安全威胁的风险。在日常的应用环境中，下列的信息安全意识和措施被证明是行之有效的安全措施。

1）足够强度的密码。密码普遍被认为是进行信息保护的重要措施，在日常的应用中，大家也会发现，密码往往是保护核心信息的最后一道防线，因此需要使用足够强度的密码。目前被认为有效的密码设定策略和方式如下。

① 不要使用简单的密码，如生日、电话号码或连续的数字。一个强密码应该包含大小写字母、数字和特殊字符，并且长度为 8 位以上。

② 将一个修改后的短语或词组作为密码，既容易被记住又足够复杂。例如，"iloveyou"可以改变为"il0ve-u"。避免不修改就使用常见的短语或词组。

③ 不要在多个账户上使用相同的密码。如果一个密码被黑客攻破，那么所有与该密码相关的账户都将处于危险之中。

④ 定期更改密码。建议每 3～6 个月更换一次密码，以保持账户的安全。

2）预防网络攻击。除密码保护外，用户还需要主动地规避潜在可能引起网络攻击的行为和操作。具体来说要避免以下行为。

① 控制信息的使用范围。不登录不受信任的网站且不与陌生人共享过多的个人信息，否则会使身份信息泄露或成为身份盗窃或诈骗的受害者。

② 不单击可疑邮件或链接。不要单击来自陌生人和不被信任的电子邮件，不要单击其他来源的可疑链接，这些可能是恶意软件、钓鱼网站或诈骗行为。

③ 通过正规渠道获取应用软件。在移动终端下载应用软件时，建议只从官方应用商店下载，并仔细阅读用户评价和权限要求。确保下载的应用软件是可信赖的，以避免安装恶意软件。

3）保护设备和操作系统的安全。在日常使用中，要保护手机、计算机、平板电脑等设备的物理安全，如设置自动锁定屏幕和使用密码、指纹识别或面部识别功能以阻止未经授权的访问。及时安装软件和操作系统的更新补丁可以修复已知漏洞，提高系统的安全性。定期备份重要的文件和数据，以防止数据丢失或被勒索软件锁定。

（2）常见网络欺诈行为

在网络世界中，存在许多常见的网络欺诈行为。以下是一些常见的网络欺诈行为。

1）钓鱼攻击。钓鱼攻击是指企图从电子通信、手机通信录或社交软件联系人目录中，通过伪装成受害者信任的人员和组织成员，以获得受害者的个人敏感信息（如用户名、密码和信用卡明细等）的犯罪诈骗过程。钓鱼攻击过程如图 0-5 所示。

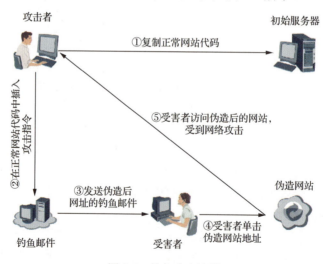

图 0-5 钓鱼攻击过程

在日常生活中，常见的钓鱼攻击方法有网站伪造、电话号码欺诈和 Wi-Fi 网络欺诈等。

① 网站伪造。攻击者可以利用信誉卓著的网站存在的漏洞来对受害者进行攻击。利用这类漏洞进行攻击的方式称为跨站脚本攻击，通常攻击者利用该类漏洞诱导受害者在他们自己的网络银行或网络购物商城的网页进行登录，而从网络地址到安全证书一切似乎都是

正确的。实际上，链接到该网站时经过了攻击者伪造的虚假网站，如果用户缺乏专业知识并缺乏安全意识，则往往会遭受严重的损失。

② 电话号码欺诈。电话号码欺诈是一种通过电话进行的欺骗手段，诈骗者通常冒充合法机构或个人，以骗取受害者的个人信息、资金或进行其他不良行为。诈骗者可能会冒充政府机构、银行、警察局等机构的工作人员，声称受害者有涉及违法活动或账户存在异常，然后要求提供个人信息或进行支付以解决问题；诈骗者也可能会声称受害者赢得了某个抽奖活动或彩票，要求提供个人信息或支付费用以领取奖品；诈骗者还可能会以紧急情况、授权或求助为借口，请求受害者提供个人信息、转账资金，如声称亲属遇到困境需要紧急资金。

③ Wi-Fi 网络欺诈。诈骗者在公共场所设置一个假的 Wi-Fi 热点，引人来连接上网，一旦有人用个人计算机或手机登录了这个虚假 Wi-Fi 热点，那么个人数据和所有隐私都会因此落入诈骗者手中。受害者在网络上的一举一动，完全逃不出诈骗者的眼睛，更恶劣的情况还有攻击者借助此虚假 Wi-Fi 在受害者计算机或移动终端中安装间谍软件，攻击保护级别更高的网络，进而造成更大的损失。

2）社会工程学。社会工程学本是一个社会学专业的概念，但是在当下越来越多地被攻击者在网络中使用，进而影响或操控受害者的心理而受到计算机科学从业者的关注。

在计算机科学专业的描述中，社会工程学指的是通过与他人的合法交流，来使其心理受到影响，做出某些动作或是透露一些机密信息的方式。这通常被认为是一种欺诈他人以收集信息、行骗和入侵计算机系统的行为。

更进一步说，社会工程学不是一门科学，而是艺术和窍门的方术。社会工程学是指利用人的弱点，以顺从你的意愿、满足你的欲望的方式，让你上当的一些方法。之所以说它不是科学，是因为它不是总能重复和成功的，而且在信息充分多的情况下，会自动失效。社会工程学的窍门也蕴涵了各式各样的、灵活的构思与变化因素。社会工程学是一种利用人的弱点如人的本能反应、好奇心、信任、贪婪等，通过运用一系列社会工程学的技巧和方法来实施欺骗以获取个人利益的行为。具体包括利用个人信息、电话诈骗，以及冒充知名人士进行推销诈骗等方式。

3）假冒身份。假冒身份网络攻击是一种通过冒充合法实体的方式，以获取个人信息、敏感数据或进行其他欺骗行为的网络攻击手段。以下是一些常见的假冒身份网络攻击的具体方法。

① 假冒电子邮件。攻击者发送电子邮件，伪装成某个合法实体（如银行、政府机构、知名公司等），要求受害者提供个人信息、账户密码或执行特定操作。这些电子邮件通常会模仿官方的标识、信头和语言风格，以使其看起来更加真实。

② 假冒社交媒体账户。攻击者创建虚假的社交媒体账户，冒充他人的身份，如名人、高管或知名个人，他们通过与真实账户相似的用户名和头像来获取用户的信任，并发送欺骗性消息、链接或附件，以诱使受害者提供个人信息或执行不安全的操作。

③ 伪造文件和文档。攻击者制作虚假文件和文档，以掩盖其真实身份或企图引导受害者采取特定的行动。这些文件可能包括伪造的合同、授权书、通知等，旨在误导受害者并使其暴露个人信息。

④ 假冒应用程序。假冒应用程序网络攻击是指攻击者创建看似合法的应用程序来欺骗用户，以获取个人信息、实施恶意行为或进行其他非法活动。攻击者通常会使用以下的方式进行假冒应用程序攻击。

a. 渗透应用商店。攻击者可能会使用技术手段或利用应用商店的漏洞，将自己的应用程序植入正规的应用商店中，使自己的应用程序看起来与合法应用无异。

b. 伪装应用。攻击者设计应用程序的图标、名称和描述，使其与合法应用几乎相同，甚至可能直接复制合法应用的全部外观。

c. 恶意功能。攻击者在假冒应用程序中添加恶意的功能，用于窃取用户的账号密码、访问通信录、监视用户的活动、收集个人信息等。

d. 传播渠道。攻击者使用各种渠道宣传和分发假冒应用程序，包括电子邮件、短信、社交媒体、第三方网站、即时通信平台等。

e. 用户下载安装。受害者通过单击恶意链接、收到钓鱼消息或在不可靠的网站上被误导或诱导下载并安装了假冒应用程序。

f. 收集用户数据。一旦应用程序安装在受害者的设备上，它就可以开始收集用户的个人信息、登录凭据、照片、联系人等敏感数据，并将其发送给攻击者。

g. 进行恶意操作。假冒应用程序可能具有诱导用户执行恶意操作的能力，如欺诈性的购买、资金盗取、发送垃圾信息等。

要预防这些网络欺诈行为，建议保持警惕，不轻易相信陌生人或不可信的信息，定期更新和使用安全软件，提高网络安全意识，并学会识别和规避潜在的网络欺诈。

2. 信息安全的主要内容

前面的内容介绍了网络安全意识与常见的网络诈骗和攻击方式。下面将重点介绍信息安全的基本概念、信息安全的基本要素和信息安全等级保护。

（1）信息安全的基本概念

参照国际标准化组织给出的计算机安全定义："保护计算机网络系统中的硬件、软件和数据资源，不因偶然或恶意的原因遭到破坏、更改、泄露，使网络系统连续可靠地正常运行，网络服务正常有序。"通过此定义可以知道，凡是能破坏计算机网络系统中硬件、软件和数据资源的行为都属于计算机网络的潜在安全威胁。

计算机网络系统在工作时会面临来自外部和内部的人为威胁和自然环境带来的威胁，这些威胁可以是针对网络设备的威胁，也可以是网络中信息的威胁，包括非法授权访问、假冒合法用户、病毒破坏、线路窃听、黑客入侵、干扰系统正常运行、修改或删除数据等。其中，自然环境带来的威胁是比来自人为的威胁更需要我们重视的威胁。人为的威胁又可分为被动威胁和主动威胁。

1）被动威胁。被动威胁是指操作人员在无预谋的情况下破坏了系统的安全性、可靠性或信息的完整性。被动威胁主要有操作人员的误操作；公司对计算机网络的管理不善而造成系统信息丢失、设备被盗、机房发生火灾、机房进水；操作人员安全意识不够，安全设置不当而留下的安全漏洞；操作人员不经意疏忽造成用户口令暴露；权限设置不当造成非授权用户获取到信息资源等。

2）主动威胁。主动威胁一般认为是对计算机网络系统的攻击行为，这些攻击又可分为被动攻击和主动攻击。

① 被动攻击。被动攻击是指攻击者只通过监听网络线路上的信息流而获得信息内容，或获得信息的长度、传输频率等特征，以便进行信息流量分析攻击。被动攻击不干扰信息的正常流动，如被动地搭线窃听或非授权地阅读信息。被动攻击破坏了信息的保密性。被动攻击不容易被检测到，因为它不影响信息的正常传输过程，发送方和接收方也难以察觉到攻击的存在。

社会工程学是一种很特别的被动攻击，大量的研究表明，人为因素才是安全的软肋，很多企业、公司在信息安全上投入大量的资金，但最终导致数据泄露的原因往往却发生在人本身。对于黑客们来说，通过一个用户名、一串数字、一串英文代码的线索和社会工程学攻击手段就可以将一个人的所有个人情况信息、家庭状况、兴趣爱好、婚姻状况、网上留下的一切痕迹等个人信息全部掌握得一清二楚。这可能是最不起眼且最麻烦的方法。一种无须依托任何黑客软件，更注重研究人性弱点的黑客手法正在兴起，这就是社会工程学黑客技术。

② 主动攻击。主动攻击是指攻击者对传输中的信息或存储的信息进行各种非法处理，有选择地更改、插入、延迟、删除或复制这些信息。主动攻击常用的方法有：篡改程序及数据、假冒合法用户入侵系统、破坏软件和数据、中断系统正常运行、传播计算机病毒、耗尽系统的服务资源而造成拒绝服务等。主动攻击的破坏力更大，它直接威胁网络系统的可靠性，信息的保密性、完整性和可用性。

主动攻击较容易被检测到，因为正常传输的信息被篡改或被伪造，接收方根据经验和规律能容易地觉察出来，但难以防范。除采用加密技术外，还要采用鉴别技术和其他保护机制和措施来有效地防止主动攻击。

（2）信息安全的基本要素

信息安全是保证信息的机密性和可靠性，避免信息被未经授权的人获取和使用的一系列措施和技术。为了确保信息的安全，任何信息系统都需要遵循以下 5 个基本要素。

1）机密性。机密性是指信息只能被授权的人或组织访问和使用。为了保证信息的机密性，需要使用安全的密码和加密技术。密码是信息安全的基本要素之一，需要使用复杂且具有足够强度的密码，并定期更换密码。加密后的数据只有被授权的人才能解密。

2）完整性。完整性是指信息在传输和存储过程中不被篡改。为了确保信息的完整性，通常需要使用数字签名和哈希函数。数字签名可以确定信息的来源，哈希函数可以检测信息是否被篡改。

3）可用性。可用性是指信息随时随地可用。为了保证信息的可用性，需要备份数据和使用冗余系统。备份数据可以防止数据丢失，冗余系统可以保证信息在发生故障时仍能被继续使用。

4）可控性。可控性是指信息的访问和使用受到控制。为了保证信息的可控性，需要使用身份验证技术和访问控制策略。身份验证技术可以确保只有被授权的人才能访问信息，访问控制策略可以限制不同用户对信息的访问和使用权限。

5）可审计性。可审计性是指对信息的访问和使用进行监控和审计。为了保证信息的可审计性，需要使用日志记录和审计技术。日志记录可以记录信息的访问和使用情况，审计技术可以对操作进行审计。

（3）信息安全等级保护

信息安全等级保护（简称等保），是我国网络安全领域的基本国策、基本制度。早在2017年8月，公安部信息安全等级保护评估中心就根据国家互联网信息办公室和全国信息安全标准化技术委员会（现称"全国网络安全标准化技术委员会"）的意见将等级保护在编的5个基本要求分册标准进行了合并，形成了《信息安全技术 网络安全等级保护基本要求》（GB/T 22239—2019）。该标准于2019年5月10日发布，于2019年12月1日开始实施。

信息安全等级保护是一个全方位系统安全性标准，不仅仅是程序安全，还包括物理安全、应用安全、通信安全、边界安全、环境安全、管理安全等方面。在实际的应用实践中，信息安全等级保护主要有以下几个方面的内容。

1）安全政策与制度：制定与信息安全相关的政策、法规和制度，明确组织内部的安全要求和责任，并确保其得以有效执行。

2）信息资产管理：识别和分类所有重要的信息资产，并实施相应的保护措施，包括对信息的归类、标记、备份和存储等。

3）访问控制与身份认证：建立严格的访问控制机制，确保只有经过授权和认证的用户才能够获得合法的访问权限，防止未经授权的访问、篡改和盗窃。

4）加密与解密管理：采用加密技术对敏感信息进行保护，在信息传输和存储过程中使用加密算法，阻止未经授权的访问和泄露。

5）安全审计与监测：对关键信息系统进行安全审计和监测，检测和发现潜在的安全威胁和漏洞，并及时采取措施予以解决。

6）安全保护设备与技术：选用和配置适当的安全设备和技术措施，包括防火墙、入侵检测和防御系统、反病毒软件等，以保障系统和数据的安全。

7）网民安全意识培训：开展定期的信息安全教育和培训，提高网民的安全意识和技能，使其能够正确处理和使用信息资源。

8）安全事件应急处置：建立完善的安全事件应急预案和处置机制，对可能发生的安全事件进行快速响应和处置，减少损失和影响。

9）物理环境的安全控制：确保服务器和其他关键设备的物理环境安全，包括对设备的存放位置、进入许可和防护措施的管理。

10）运维管理：建立健全的信息系统运维管理规范，保证信息系统正常运行并及时更新和升级，防止出现漏洞和故障。

根据具体情况，不同组织和行业在实施时可能会有一些差异，信息安全等级保护的核心目标是保护信息系统和数据的安全，并确保组织正常运营。

信 息 检 索

▌项目导读

信息检索是人们进行信息查询和获取的主要方式，是查找信息的方法和手段。掌握网络信息的高效检索方法，是现代信息社会对高素质技术技能人才的基本要求。

▌学习目标

知识目标

- 掌握常用搜索引擎的自定义检索方法和布尔逻辑检索等检索方法。
- 掌握通过网页、社交媒体等不同信息平台进行信息检索的方法。
- 掌握通过期刊、论文、专利、商标、数字信息资源平台等专用平台进行信息检索的方法。

能力目标

- 能根据需要利用布尔逻辑检索等方法进行信息检索。
- 能利用专用平台检索期刊、论文、专利、商标等专用信息。
- 能利用搜索引擎在互联网上检索信息。

素养目标

- 树立效率意识、规范意识，精益求精，讲求实效。
- 了解乡村振兴战略，助力美丽乡村建设，增强道路自信。
- 树立信息意识、安全意识、法治意识，合法合规地获取信息。

任务 **1.1** 检索国家奖学金相关政策

☞ **任务描述**

本任务要求通过搜索引擎检索国家关于国家奖学金的相关政策文件、近一年内高校关于国家奖学金的申报通知等。

☞ **任务目标**

1. 熟悉使用搜索引擎检索的基本流程。
2. 能使用搜索引擎的高级搜索功能。
3. 熟悉搜索引擎的检索语法、布尔逻辑检索、限定检索等。
4. 具备信息意识和计算思维。

💻 **任务实施**

1. 检索国家奖学金的政策

1）打开浏览器，进入百度搜索引擎。

2）在搜索框中输入检索词组"国家奖学金 教育部"，然后单击"百度一下"按钮或按 Enter 键，开始检索。注意，"国家奖学金"和"教育部"之间为表示"逻辑与"关系的空格，意为检索词中既包含"国家奖学金"又包含"教育部"，如果只用"国家奖学金"作为检索词，则检索结果的来源是各种网站或广告，检准率不高。

3）检索结果出来后，浏览检索结果。检索结果大部分来源于教育部官方网站，但也有部分结果来源于其他网站或广告。

4）单击检索结果中来自于国家教育部网站的相关链接，如图 1-1 所示，即可进入教育部官网中关于国家奖学金的相关介绍页面，获取国家关于"国家奖学金"的相关政策的信息，如图 1-2 所示。

图 1-1　基本搜索结果

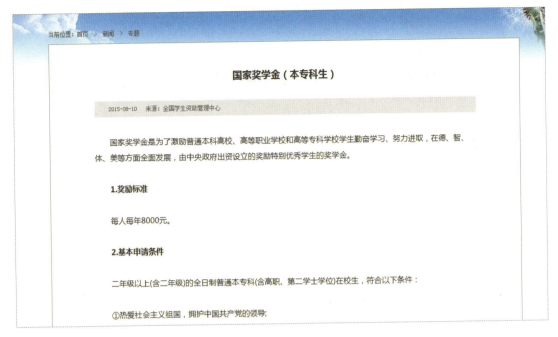

图 1-2　获取检索结果

2. 检索近一年内高校关于国家奖学金的申报通知

1）选择高级搜索。选择页面右上角的"设置"选项，在打开的"设置"页面中选择"高级搜索"选项，打开高级搜索页面，如图 1-3 所示。

微课：搜索引擎高级检索

图 1-3　高级搜索页面

2）使用限定搜索指定网站功能。在"搜索结果"的"包含全部关键词"文本框中输入检索词"国家奖学金申报通知"，在"站内搜索"文本框中输入"edu.cn"，在"时间"下拉列表中选择"一年内"选项，如图 1-4 所示，然后单击"高级搜索"按钮。

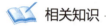

图 1-4　限定搜索指定网站

3）获取检索结果。浏览检索结果，单击相关高校的官方网站链接，从而获取高校发布的该校国家奖学金申报通知。

相关知识

1. 信息检索的概念

广义的信息检索又称信息存储与检索，是指将大量无序的信息按照一定的规则、方法有序地组织起来，信息服务人员或信息用户根据需要从有序化的信息集合（检索工具）中找出有关信息的过程。狭义的信息检索是指在有序化的信息集合中找出有关信息的过程，是信息存储的逆过程。信息检索也称情报检索，最早发展于传统图书馆的参考咨询工作。

信息存储与信息检索的原理如图 1-5 所示。

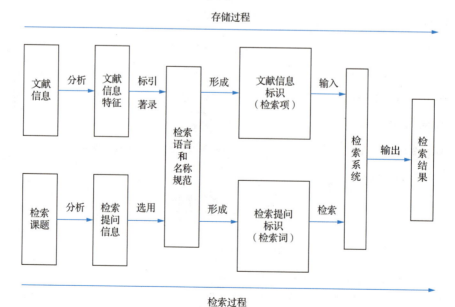

图 1-5　信息存储与信息检索的原理

2. 信息检索的步骤

执行一个课题的信息检索是有过程、分步骤来完成的，如选择检索工具、确定关键词、构造检索式等。第一步，分析检索课题；第二步，选择检索工具；第三步，实施检索；第四步，调整和优化检索结果；第五步，管理和评价检索结果。

3. 常用的搜索引擎

常用的搜索引擎有百度、搜狗、360、必应等。百度搜索引擎是全球最大的中文搜索引擎；搜狗搜索引擎支持微信公众号和文章搜索、知乎搜索、英文搜索及翻译等；360搜索引擎提供安全搜索和网页安全功能，能够过滤恶意网站和钓鱼网站等不安全内容；必应搜索引擎提供了多种搜索结果，包括网页、图片、视频、新闻等。每种搜索引擎都有自己的特点和优势，用户可以根据自己的需求和偏好来选择合适的搜索引擎。

4. 布尔逻辑检索

布尔逻辑主要有"逻辑与"、"逻辑或"和"逻辑非"等几种类型，如图1-6所示。"逻辑与"是指检索结果要包含全部检索词，既要包含A检索词，又要包含B检索词，通常用"AND"或空格表示；"逻辑或"是指检索结果要包含任意检索词，只要含有A检索词或含有B检索词就都会被检索，通常用"OR"表示；"逻辑非"是指检索结果在包含A检索词的同时，不包含B检索词，通常用减号"–"来表示。在信息检索中，利用布尔逻辑关系组合检索词、构建检索式，可以使检索结果更准确。

（a）逻辑与　　　　（b）逻辑或　　　　（c）逻辑非

图1-6　布尔逻辑

1）"逻辑与"检索。进入百度高级搜索，在"包含全部关键词"文本框中输入"国家奖学金 申请条件"，表示结果需既包含"国家奖学金"，又包含"申请条件"，注意两个词之间用空格隔开，如图1-7所示。

图1-7　"逻辑与"检索

2）"逻辑非"检索。在检索结果中，既有适用于本专科生的，又有适用于研究生的，因此需要排除掉适用于研究生的相关通知。进入百度高级搜索，在"包含全部关键词"文本框中输入"国家奖学金"，在"不包括关键词"文本框中输入"研究生"，表示结果包含"国家奖学金"但不包含"研究生"，如图1-8所示。

图1-8 "逻辑非"检索

5. 检索结果评价

常用的评价检索结果的指标为查全率和查准率。

查全率是衡量某一检索系统从文献集合中检索出相关文献成功度的一项指标，即检索出的相关文献量与检索系统中相关文献总量的百分比。

查全率=(检索出的相关文献量/检索系统中的相关文献总量)×100%

查准率是衡量某一检索系统的信号噪声比的一项指标，即检索出的相关文献量与检索出的文献总量的百分比。

查准率=(检索出的相关文献量/检索出的文献总量)×100%

 任务拓展

请利用搜索引擎，检索国家及所在省、学校的专升本政策及往年录取情况。

任务 1.2 检索乡村旅游助力乡村振兴论文信息

☞ **任务描述**

本任务要求通过论文数据库检索乡村旅游助力乡村振兴的现状、问题及路径对策等内容。

☞ **任务目标**

1. 了解常用论文检索数据库。
2. 能使用复杂组合检索词进行检索。
3. 了解乡村振兴战略，助力美丽乡村建设，增强道路自信。

 任务实施

1. 分析检索任务

本次检索任务为"乡村旅游助力乡村振兴的现状、问题及路径对策相关学术论文"，可以提取的主题概念有"乡村旅游""乡村振兴""现状""问题""路径""对策"，可将这些词作为检索词。根据概念之间的逻辑关系，可将检索式构造为"主题=（乡村旅游*乡村振兴）AND（现状+问题+路径+对策）"。所需信息类型为学术论文，因此选择的检索工具应为中国知网 CNKI（以下简称知网）、维普、万方等常用的学术论文数据库。

2.　实施检索

1）打开知网。

2）单击"高级检索"链接，打开高级检索页面，设置第一个检索字段为"主题"，输入检索词"乡村旅游*乡村振兴"，设置第二个检索字段为"主题"，输入检索词"现状+问题+路径+对策"，两个字段之间的逻辑关系选择"AND"，如图 1-9 所示。或选择图 1-9 中的"专业检索"选项卡进入专业检索页面，在文本框中输入"SU=（乡村旅游*乡村振兴）AND SU=（现状+问题+路径+对策）"，如图 1-10 所示。

微课：论文检索

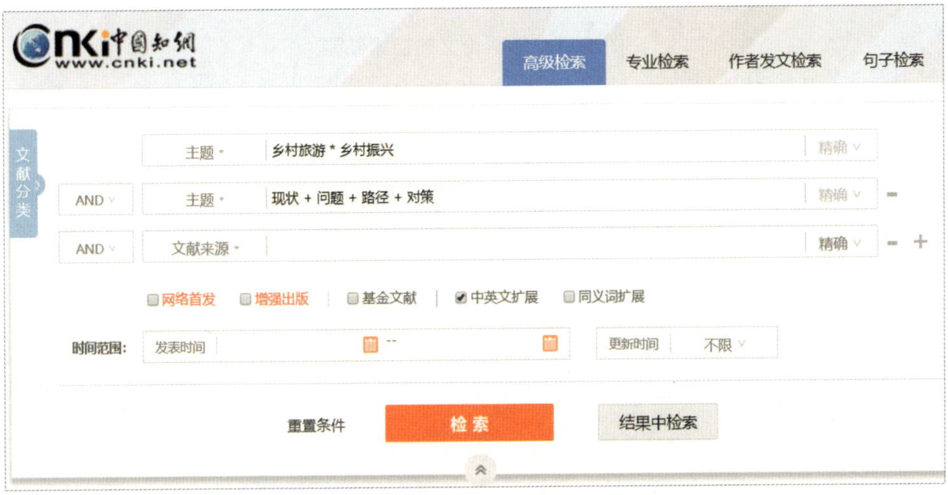

图 1-9　知网论文的高级检索

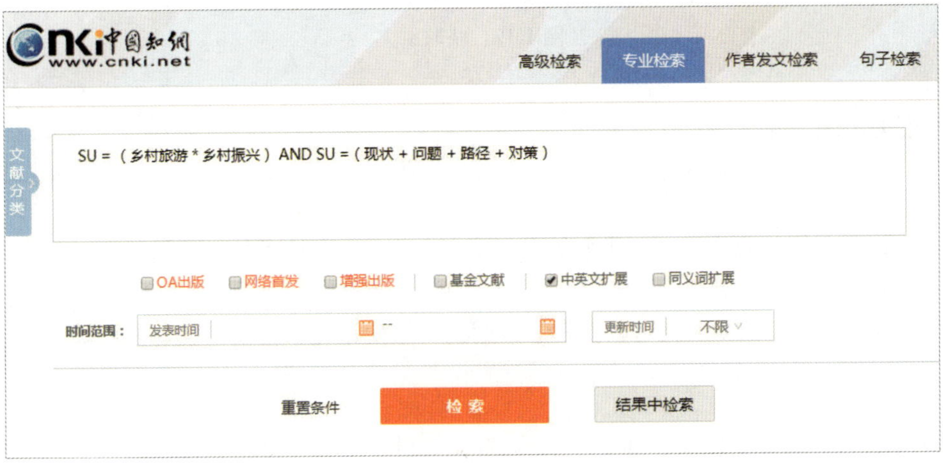

图 1-10　专业检索

3）在检索结果（图1-11）中，浏览论文题名、发表时间、被引量等信息，初步判断是否完成检索任务，单击符合要求的论文列表的下载按钮↓，或单击论文题名，浏览论文摘要、关键词、目录等信息（图1-12）后再决定是否阅读全文或下载保存。

图1-11 知网论文的检索结果

图1-12 获取原文

 **相关知识**

1. 专业数据库

专业数据库往往集中了某一类型的专门信息。因此，在检索某类专门信息时，使用专业数据库检索信息，效率更高、效果更好。常用的学术信息检索数据库有知网、重庆维普、万方数据库等。其中，在知网上可以检索学术期刊、硕博论文、会议论文、专利等文献信息。

2. 检索字段

知网提供的检索字段有：主题、篇关摘、关键词、篇名、全文、作者、第一作者、通讯作者、作者单位、基金、摘要、小标题、参考文献、分类号、文献来源等。在实施检索时，要根据已给出的具体信息选择相应的检索字段。例如，要检索"××大学"姓名为"张三"的学生撰写的论文，则可设置检索字段"作者单位"为"××大学"，字段"作者"为"张三"。

3. 专业检索

在知网中，专业检索的字母代码分别表示：SU=主题，TI=题名，KY=关键词，AB=摘要，FT=全文，AU=作者，FI=第一责任人，RP=通讯作者，AF=机构，JN=文献来源，RF=参考文献，YE=年，FU=基金，CLC=分类号，SN=ISSN，CN=统一刊号，IB=ISBN，CF=被引频次。熟练运用布尔逻辑运算符、专业检索等，可以快速构造复杂的检索式，实现快速检索。

 任务拓展

通过论文数据库进行信息检索，梳理中国文旅融合发展问题的形成演变过程，分析研究文旅融合高质量发展的内涵概念、文旅融合高质量发展的提升对策，指出中国文旅融合发展研究取得的重要进展和不足。

任务 *1.3* 检索乡村旅游相关专利及商标

☞ 任务描述

本任务要求通过专利数据库检索乡村旅游信息系统等发明专利、实用新型专利、外观设计专利等，了解相关专利情况；检索乡村旅游相关商标，了解商标的注册情况。

☞ 任务目标

1. 了解常用专利检索数据库、商标数据库及检索方法。
2. 能利用相关平台检索专利和商标信息。
3. 树立法治意识，合法合规地获取信息。

任务实施

1. 检索相关专利

（1）分析检索任务

分析检索任务"乡村旅游信息系统等发明专利、实用新型专利、外观设计专利"，可以提取的主题概念有"乡村旅游""信息系统"，因为"信息系统"有其他的表述方式如"平台""系统"等，所以将"平台""系统"等也作为检索词。根据概念逻辑关系，将检索式构造为"主题=乡村旅游 AND（信息系统+系统+平台）"。所需信息类型为发明专利、实用新型专利、外观设计专利，因此选择的检索工具应为知网的专利数据库。

（2）实施检索

打开知网，选择"专利"数据库，然后单击"高级检索"链接，在打开的页面中设置相应的检索字段并输入检索词，如图1-13所示。

微课：专利检索

图1-13　专利检索式

单击"检索"按钮，结果如图1-14所示。通过浏览结果列表，可知晓专利名称、发明人、申请人、申请日、公开日等信息。

	专利名称	发明人	申请人	数据库	申请日	公开日	操作
1	一种乡村旅游模拟运营系统及方法	王中雨; 刘莹	河南牧业经济学院	中国专利	2022-01-05	2022-08-30	
2	一种基于数字媒体的智慧乡村旅游服务平台	胡瑞明	胡瑞明	中国专利	2022-03-25	2022-06-24	
3	一种针对乡村旅游的用户自维护末端导航系统	陈怡男; 陈慧芬	西南石油大学	中国专利	2022-03-04	2022-07-08	
4	一种基于多源异构大数据的乡村旅游刻画系统	陈怡男; 陈慧芬	西南石油大学	中国专利	2022-02-25	2022-07-22	
5	一种针对乡村旅游的客流量预测方法及货物调度系统	陈怡男; 陈慧芬	西南石油大学	中国专利	2022-03-28	2022-07-08	
6	一种基于物联网的乡村智慧旅游管理系统	邢剑飞; 翁晶晶; 李晓; 孙菲; 郭云天; 吕韦琰	杭州职业技术学院	中国专利	2021-11-30	2022-04-29	
7	一种数据化乡村旅游服务管理系统	许泽荣	海南智慧游数字旅游技术有限公司	中国专利	2022-02-15	2022-05-31	
8	一种基于数字媒体的智慧乡村旅游服务平台	范军强; 赵文龙; 齐龙; 杨小龙; 吕奕; 崔志明; 张贵锋; 张靖; 陈林; 梁汝通; 郭成; 付艳华; 马季; 宋蕊; 张琪; 武娟红; 蒲天伟; 马莉	甘肃嘟阳科技有限公司	中国专利	2021-07-12	2022-01-04	

图1-14　专利检索的结果

单击专利名称，浏览专利申请的相关信息及主权项、摘要等，如图1-15所示。

图 1-15　专利检索原文

2. 检索乡村旅游的商标

（1）分析检索任务

分析检索任务"乡村旅游的相关商标"，可以提取的主题概念有"乡村旅游"，所需信息类型为商标。在商标检索系统中，常用的为国家知识产权局商标局 中国商标网，以下简称中国商标网。

（2）实施检索

进入中国商标网，选择"商标网上查询"→"商标综合查询"选项，在打开的页面中选择检索途径为"检索要素"，并输入检索词"乡村旅游"进行检索，检索到的已注册商标如图1-16所示。

| 36611185 | 35 | 2019年03月04日 | 乡村旅游四季鹿 | 重庆华烛广告传播有限公司 |
| 28993170 | 45 | 2018年01月29日 | ATIMR | 浙江新泽徽文化传媒有限公司 |

图 1-16　商标检索结果

单击商标图案，可查看商标的具体信息。

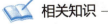 **相关知识**

专利信息检索的基本术语如下。

1. 专利

专利，通常是指一项发明创造的首创者所拥有的受保护的独享权益。专利在知识产权中有3重意思，即专利权、专利技术、专利证书或专利文献。

2. 专利类别

根据创新的层次不同，可以将专利分为发明专利、实用新型专利、外观设计专利。

1）发明专利。发明专利是指对产品、方法或其改进所提出的新的技术方案，其特点是申请价值最高、申请通过最难。

2）实用新型专利。实用新型专利是指对产品的形状、构造或其结合所提出的适于实用的新的技术方案，其特点是申请量最多、涉及领域最广。

3）外观设计专利。外观设计专利是指对产品的整体或局部的形状、图案或其结合，以及色彩与形状、图案的结合所做出的富有美感并适于工业应用的新设计，其特点是申请费用少、授权快、保护及时、授权率高。

3. 专利信息检索

专利信息检索，通常是指根据一项或数项特征，从大量的专利文献或专利数据库中挑选符合某一特定要求的文献或信息的过程。

4. 专利信息检索种类

专利信息检索包括专利技术信息检索、专利技术方案检索、同族专利检索、专利法律状态检索、专利引文检索、专利相关人检索。

在中文专利数据库中，常用的为知网、国家知识产权局专利检索及分析系统、国家知识产权局中国专利信息网等。在实施检索的过程中，可以选择其中一种数据库为主，其他数据库为补充。

中国商标网的商标查询分为商标近似查询、商标综合查询、商标状态查询、商标公告查询4类，如图1-17所示。

图1-17　商标检索的类型

 任务拓展

检索"无人驾驶""自动驾驶"相关专利，了解该领域的最新技术发展状况。

文 档 处 理

项目导读

在日常工作中，办公软件已经成为人们必不可少的办公助手，尤其是文档处理软件。书信、论文、商业合同、报纸杂志等都需要利用文档处理软件进行排版和编辑。目前市场上有多款办公软件，如美国微软公司的 Office 办公软件、国内的金山办公软件等。本项目主要介绍 Word 2016 软件在文档排版和编辑中的应用。

学习目标

知识目标

● 掌握文档编辑、字符格式设置、段落格式设置的方法。
● 掌握"插入"选项卡的使用方法和页面布局的设置方法。
● 掌握表格的创建与编辑、文本与表格的转换等方法。
● 掌握文档目录的创建方法等。

能力目标

● 能按要求制作图文并茂的电子海报。
● 能结合实际应用，设计制作个人简历。
● 能熟练进行封面设计、长文档的目录提取、页眉页脚设置等。
● 能熟练完成对批量成绩单的制作操作。

素养目标

● 强化效率意识和计划意识，讲求实效。
● 提升美学修养与艺术修养，兼顾设计的整体性与协调性、艺术性与装饰性。
● 实事求是，求真务实，勇于进行创新设计。
● 养成认真细致的工作态度和严谨的工作作风。

任务 2.1 制作社团招新电子海报

☞ **任务描述**

　　小张是学校学习社团的负责人，社团即将迎来新成员，需要制作一份招新海报来吸引更多的学生加入。现在需要使用 Word 2016 软件来制作该电子海报，要求版面简洁、美观；主题醒目，重点突出；纸张大小为 A4，页边距为 0 厘米。社团招新海报效果如图 2-1 所示。

图 2-1　社团招新海报效果

☞ **任务目标**

1. 熟悉 Word 2016 软件的界面组成及各部分的功能。

2. 掌握 Word 2016 软件的基本操作方法，如新建和保存文档等。

3. 能对文本内容进行输入、编辑与格式化处理，如文本编辑、插入图片与形状、插入文本框、调整布局等基本操作。

4. 能使用字体、颜色、图片等设计元素来增强海报的视觉效果，使其更具吸引力。

5. 强化效率意识，培养创新思维，提升审美情趣。

任务实施

1. 新建文档并进行页面设置

（1）新建空白文档

双击桌面上的 Microsoft Word 文档快捷方式图标，启动 Word 2016，新建一个名为"社团招新海报"的空白文档。

（2）设置页面

选择"布局"选项卡，进行页面设置。设置纸张大小为 A4，页边距分别为：上边距 0 厘米，下边距 0 厘米，左边距 0 厘米，右边距 0 厘米。

（3）文件命名及保存文档

选择"文件"→"保存"选项，在打开的"另存为"界面中选择"浏览"选项，在打开的"另存为"对话框中选择文件保存路径，在"文件名"文本框中输入文字"社团招新海报"，如图 2-2 所示。然后单击"保存"按钮，将海报的初稿进行存盘。

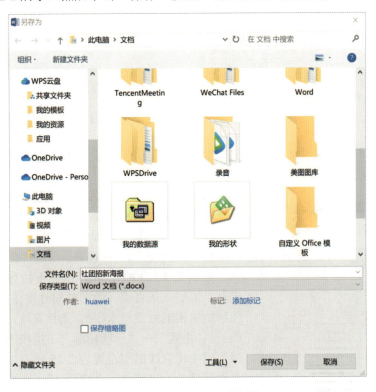

图 2-2 "另存为"对话框

2. 输入海报内容

（1）设计海报标题

1）选择"插入"选项卡，单击"文本"→"文本框"下拉按钮，在弹出的下拉列表中选择"绘制文本框"选项，按住鼠标左键并拖动在页面

微课：标题设计

41

右侧绘制一个文本框，并输入文字"社团招新"。设置文字字体为黑体、80 磅，并加粗，设置颜色为"橙色，个性色 2"。

2）设置文本框的填充与轮廓。选择文本框，在"绘图工具-格式"选项卡中选择"形状填充"→"无填充颜色"选项，如图 2-3 所示；选择"形状轮廓"→"无轮廓"选项，如图 2-4 所示。

图 2-3　形状填充为无颜色

图 2-4　形状轮廓为无轮廓

3）插入文本框，输入文字"欢迎加入学生会"，并设置文字字体为黑体、28 磅，颜色为"橙色，个性色 2"。

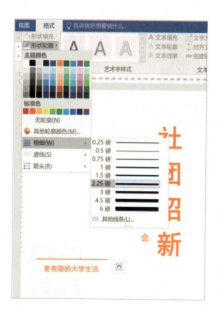

图 2-5　设置直线的格式

4）插入文本框，输入文字"更有趣的大学生活"，将文本框放置在页面左下侧，设置文字字体为黑体、22 磅，颜色为"橙色，个性色 2"。

5）为文字添加修饰线条。单击"插入"→"插图"→"形状"下拉按钮，在弹出的下拉列表中选择直线工具，绘制一条直线（绘制时同时按住 Shift 键，可以使绘制出来的直线呈水平）。选择直线，然后单击"绘图工具-格式"→"形状轮廓"下拉按钮，在弹出的下拉列表中将直线粗细设置为 2.25 磅，如图 2-5 所示，并设置颜色为"橙色，个性色 2"。按住 Ctrl 键，用鼠标拖动直线，复制一条直线到文字下方。

（2）设计海报正文

1）插入文本框，设置文本框的填充颜色为"无填充颜色"，轮廓为"无轮廓"。在文本框中输入文字"想拥有不一样的大学生活吗？……"，选中文字，设置字体为黑体、三号。

2）插入文本框，输入文字"联系我们"，并将文字字体设置为黑体、四号，设置文字颜色为白色，将文本框的填充颜色设置为黑色，如图 2-6 所示。

图 2-6　"联系我们"文本框

3）插入文本框，输入文字"时间：9 月 10 日—9 月 15 日，地点：城市大学"，并设置字体为黑体、三号。

3. 添加设计元素

（1）插入社团 logo 图片和二维码图片

1）单击"插入"→"插图"→"图片"按钮，在打开的"插入图片"对话框中选中需要插入的"社团 logo.png"图片，然后单击"插入"按钮，如图 2-7 所示。

微课：图片插入

图 2-7　插入图片

2）设置图片的环绕方式。选中"社团 logo.png"图片，选择"图片工具-格式"→"排列"→"环绕文字"→"四周型"或"浮于文字上方"选项，如图 2-8 所示，然后拖动图片到页面的右上角合适位置。

3）插入二维码图片。单击"插入"→"插图"→"图片"按钮，在打开的"插入图片"对话框中选择要插入的二维码图片，然后单击"插入"按钮。选中插入的二维码图片，选择"图片工具-格式"→"排列"→"环绕文字"→"浮于文字上方"选项，将二维码拖动到页面右下方，如图 2-9 所示。

图 2-8　设置图片的环绕方式

图 2-9　插入二维码图片

（2）插入形状

1）单击"插入"→"插图"→"形状"下拉按钮，在弹出的下拉列表中选择椭圆形○，按住 Shift 键的同时拖动鼠标绘制一个正圆形，正圆形直径可设置为 16 厘米。

微课：图形绘制

2）选中绘制的正圆形，单击"绘图工具-格式"→"形状样式"→"形状填充"下拉按钮，在弹出的下拉列表中设置圆形的填充颜色为"橙色，个性色 2，淡色 80%"。单击"形状轮廓"下拉按钮，在弹出的下拉列表中选择"无轮廓"选项。

3）使用同样的方法再绘制一个正圆形，设置填充颜色为"绿色，个性色 6，淡色 80%"，轮廓为"无轮廓"。

4）绘制一个直径为 5 厘米的正圆形，设置填充颜色为"橙色，个性色 2，淡色 40%"。将绘制好的 3 个正圆形放到合适的位置，如图 2-10 所示。

至此，社团招新海报制作完毕，可以按 Ctrl+S 组合键保存文档。

4. 打印社团招新海报

1）单击快速访问工具栏中的"打印预览和打印"按钮，打开"打印"界面。

2）在"打印"界面中选择打印机，并设置需要打印的份数，然后单击"打印"按钮即可。

注意：在打印海报之前，最好利用打印预览功能再次检查文档的整体效果。

图 2-10　插入形状

 相关知识

1. Word 2016 功能简介

Word 2016 是微软公司推出的一款功能强大的文字处理软件，自发布以来就受到了广大用户的追捧。它不仅继承了前代产品的优秀特性，更在多个方面进行了创新与突破。Word 2016 的功能如下。

（1）文档的创建与编辑

Word 2016 允许用户轻松创建新的空白文档，或对已存在的文档进行编辑调整。用户可以随时打开保存在计算机或网络上的文档进行查看和编辑。此外，Word 2016 还为用户提供了丰富的文本编辑功能，如复制、粘贴、剪切、撤销等，这使文本编辑变得更加简单高效。

（2）格式与样式的设置

Word 2016 为用户提供了丰富的文本格式设置选项，包括字体、字号、行距、缩进等。用户可以根据需要选择适当的格式，对所选文本进行精细的调整。此外，Word 2016 还支持多种样式设置，用户可以对标题、段落、列表等样式进行设置，也可以自定义样式，以满足特定的排版需求。

（3）表格的插入与编辑

在 Word 2016 中，用户可以轻松地在文档中插入表格，并进行各种编辑操作。这为用户处理数据、制作报表等提供了极大的便利。用户可以创建新的表格，调整表格的大小和位置，添加或删除行或列。同时，Word 2016 还支持对表格的边框、底纹、对齐方式等进行各种格式设置，使表格更加美观、易读。

（4）图形的插入与编辑

除了基本的文本编辑功能，Word 2016 还支持插入各种图形元素，如图片、形状、文本框等。这为用户制作图文并茂的文档提供了有力的支持。用户可以将图片插入文档中并进行裁剪、旋转、调整大小等操作。同时，Word 2016 还提供了丰富的形状库，用户可以根据需要选择合适的形状，绘制出美观的图形。此外，Word 2016 提供的文本框功能也使文档的排版更加灵活多变。

（5）协同工作与共享

Word 2016 引入的协同工作功能，使多用户合作编辑文档变得更加简单高效。通过共享功能发出邀请，其他用户可以一同编辑文件。在编辑过程中，每个用户编辑过的地方都会出现提示，所有用户都可以看到哪些段落被编辑过。这一功能对于需要合作编辑的用户来说非常实用，可以大大提高工作效率。

（6）智能检索与命令提示

Word 2016 在界面上方增加了一个搜索框，用户可以在其中输入想要检索的内容。搜索框会给出相关的命令提示，这些都是标准的 Office 命令，用户可以直接单击执行该命令。这一功能对于使用 Office 不熟练的用户来说非常友好，可以大大提高工作效率。

（7）云模块与 Office 的深度融合

在 Word 2016 中，云模块已经很好地与 Office 融为一体。用户可以将文档保存到云端，随时随地访问和编辑。同时，云模块还支持与其他 Office 应用的无缝连接，使用户在不同设备间切换时能够保持文档的同步。这一功能的加入大大提高了文档的便捷性和安全性。

（8）丰富的应用程序与插件支持

Word 2016 的插入菜单增加了一个"应用商店"按钮，用户可以通过"应用商店"浏览和安装各种扩展插件和应用程序，以满足特定的需求。这些应用程序和插件的加入使 Word 2016 的功能得到了极大的扩展和增强。

2. 海报简介

海报这一名称最早起源于上海。上海人通常把职业性的戏剧演出称为"海"，而把剧目演出信息的具有宣传性的专用张贴物称为"海报"。海报一词演变至今，它已成为向广大群众报道或介绍有关戏剧、电影、体育比赛、文艺演出、报告会等消息的宣传形式。海报具有在放映或演出场所、街头广以张贴的特性，并且具有一定的美术设计，相比其他广告形式，其内容更广泛、艺术表现力更丰富。

（1）海报的构成

海报一般由标题、正文和落款 3 部分组成，在实际的使用中很多海报去掉了落款。

1）标题。海报的标题写法较多，通常会用活动的主要内容作为标题，可以是简单的几个字或是一些描述性的文字，如"考研讲座""社团招新，欢迎加入学生会"。

2）正文。海报的正文通常包括活动的目的、意义、主要事项、时间、地点、参加活动的途径、联系方法及注意事项等。

3）落款。海报的落款通常包括主办单位的名称及海报的发文日期等。

（2）海报设计的 3 要素

海报设计的 3 要素为文字、图片、配色。

1）文字。文字在海报作品中是传递信息的重要视觉元素，它能让受众很快地抓住主题。此外，文字在海报设计中还具有创意表达功能和装饰功能。因此，除了对文字进行编辑排版，还要进行字体设计，即按照一定的美学形态对文字的外形进行改变、重组等艺术化加工。这样才能吸引人的眼球，让人过目不忘。

2）图片。形象直观的图片元素在海报设计中是不可或缺且无法替代的。相对于文字而言，一幅图中所包含的信息量是巨大的。对于设计者而言，需要将各种信息包含在一幅或一组图中；对于受众而言需要从一幅或一组图中发掘各种信息。

3）配色。在海报设计中，除图片元素外，配色是最能赋予作品视觉吸引力的一大设计要素。当人们第一眼看到海报作品时，最先关注的通常是它的配色，然后才是其他的设计元素与细节。另外，配色对海报要传达的主题、理念、风格也有着重要的影响。

 任务拓展

制作一份五一国际劳动节的 A3 页面大小的宣传海报。

任务 2.2 制作个人简历

☞ 任务描述

个人简历是应聘过程中一种重要的自我宣传方式。毕业后最重要的事情就是找到一份满意的工作。而找工作前，最需要准备的就是一份能够展示自己才能且独具特色的简历。一份较好的简历需要做到表述准确、简洁美观、突出重点、逻辑性强。简历一般分为表格型简历和模块化简历两种。本任务要求制作 1 份大小为 A4、整体清晰、美观的个人简历，如图 2-11 所示。

图 2-11　个人简历

☞ 任务目标

1. 掌握形状、文本框等对象的使用方法和技巧。
2. 能够利用 Word 2016 软件制作简单的简历并进行美化。
3. 实事求是，求真务实，勇于进行创新设计，兼顾整体性与协调性。

任务实施

1. 新建文档

在计算机桌面空白位置右击，在弹出的快捷菜单中选择"新建"→"Microsoft Word 文档"选项，启动 Word 2016，将文档命名为"张姗个人简历"，并在"布局"选项卡中设置纸张方向为"纵向"，在"页面设置"对话框中的"页边距"选项卡中将页面的上、下、左、右边距都设置为 1 厘米，使回车符位于页面边缘，如图 2-12 所示。

（a）"布局"选项卡

（b）"页面设置"对话框

图 2-12　新建文档

2. 插入直线并设置颜色，对简历进行分区域呈现

在 Word 文档左侧插入直线，选择"插入"→"插图"→"形状"下拉列表中的矩形工具（图 2-13），在页面顶部绘制一条直线，并设置线条轮廓为"蓝色"，长度为 21 厘米，线条粗细为 1.5 磅，如图 2-14 所示。

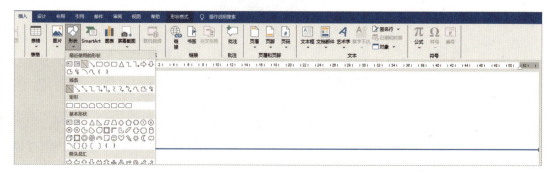

图 2-13　"形状"下拉列表

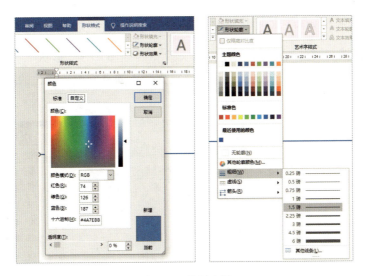

图 2-14　绘制直线

3. 对直线进行设置

选中直线，选择"形状格式"→"位置"→"其他布局选项"选项，打开"布局"对话框，参数设置如图 2-15 所示。

（a）"位置"下拉列表

（b）"布局"对话框

图 2-15　对直线进行设置

4．插入形状并设置颜色，对简历进行分区域呈现

在 Word 文档左侧插入形状，选择"插入"→"插图"→"形状"下拉列表中的矩形工具，设置形状填充颜色为"蓝色"（也可以根据个人的喜好进行颜色的选择），并设置其对齐方式，如图 2-16 所示。

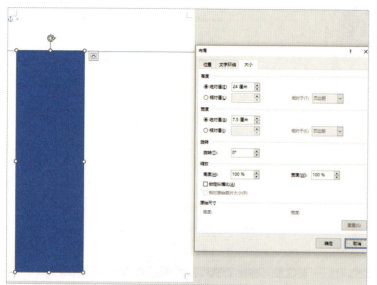

图 2-16　插入形状并设置颜色

5．在顶部插入文本框

选择"插入"→"文本"→"文本框"→"绘制文本框"选项，在形状上方绘制横排文本框，输入文字内容为"个人简历"并设置字体为黑体，大小为 30 磅，也可以根据个人情况，设计制作具有个人特色的标题。在文字左下角绘制 6 个大小为 0.3 厘米的矩形并设置相应的颜色，如图 2-17 所示。

图 2-17　绘制文本框　　　　　　　　　微课：艺术字插入

6．在左侧插入个人图片

单击"插入"→"插图"→"图片"按钮，在打开的"插入图片"对话框中选择相应的图片插入，并设置图片环绕方式为"浮于文字上方"，然后调整其位置，如图 2-18 所示。

图 2-18　插入个人图片

7. 插入矩形并输入文字

在左侧插入两个矩形，并设置形状的填充颜色为浅蓝色。

选择"插入"→"文本"→"文本框"→"绘制文本框"选项，在形状上绘制横排文本框，输入文字内容为"个人信息""证书情况"，并分别在形状下方绘制一个文本框，在个人信息的文本框中输入姓名、出生年月、民族、政治面貌、籍贯等基本信息，在证书情况的文本框中输入专业英语八级、普通话二级甲等、助理人力资源管理师（三级）等证书信息，如图 2-19 所示。

图 2-19　输入个人信息及证书情况

8. 完善简历内容并进行相应的美化

在文档空白处插入形状及文本框，并输入"教育经历""实习经历""科研成果""优势特长"等需要呈现给应聘单位的信息，如图 2-11 所示。

 相关知识

个人简历的特点如下。

1）简明扼要。自我介绍的内容一般控制在 100 字左右。应聘者应结合自己的实际情况及应聘的岗位需求，清晰、准确地描述个人的专业能力。通过简明扼要的自我介绍，可以向 HR 展示出应聘者的充分准备及对应聘岗位的充分重视，能够有效地增加面试成功率。

2）突出岗位匹配度。应聘者在制作个人简历前，应充分了解应聘岗位的招聘需求，根据不同的岗位需求突出个人与之匹配的能力，如在应聘高校教师岗位时，需要突出介绍自己的相关工作经验、学历学位、科研经历及成果等。

3）实事求是。简历的内容需要真实准确，切勿虚假夸大或出现信息错误。如果应聘者为了提高面试成功率而夸大其词，导致无法自圆其说或无法提供相应的证明材料，或者在简历内容中出现错别字等问题，则有可能直接导致面试失败。

4）突出优势。在简历中要特别突出自己具备的、与众不同的优势，如高学历人才可以突出学历优势，高技能人才可以突出技能优势，工作经验丰富的人才可以突出工作经历等。

现各办公软件中提供了很多可供直接使用的简历模板。应聘者可利用已有的模板进行内容的调整，结合自身的需要制作具有个性化特点的个人简历。

 任务拓展

设计一份模块型的个人简历。

任务 2.3 专业调研报告排版

☞ **任务描述**

专业调研报告排版（图 2-20）是大学生都可能需要做的事情。通过专业调研报告排版的练习，可以提升文档编辑与整体排版的能力，培养追求卓越与重视把握细节的良好习惯。本任务专业调研报告排版的要求如下。

标题字体使用方正小标宋简体、二号，正文字体使用仿宋、三号；文中的结构层次序数用"一、""（一）""1.""（1）"标注；一级标题的字体为黑体、三号，二级标题的字体为楷体、三号，三级和四级标题的字体为仿宋、三号。

　　要求通过使用"分隔符"实现在目录页和正文页同文档的情况下首页页码为 1。标题与正文之间有特定的字体和间距，能够清楚明了地展示出报告的结构，整体结构清晰、美观。

☞ **任务目标**

1. 能利用 Word 2016 软件进行报告文档的文字排版。
2. 能插入题注、页眉页脚，以及创建目录。
3. 养成认真细致的工作态度和严谨的工作作风。

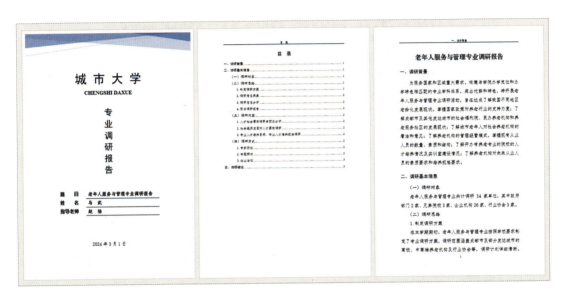

图 2-20　排版后的专业调研报告

任务实施

　　调研报告是一种较为正式的文本，一般文档篇幅较长，格式要求较多，在制作的过程中会涉及标题、段落、页眉页脚的设置等。

1. 撰写报告的文字

　　1）将专业调研报告的文字内容输入文档中，然后对文档的字体、行间距等进行设置。

　　2）新建名称为"城市大学老年人服务与管理专业调研报告.docx"空白文档并打开文档，在空白文档中输入专业调研报告的文字内容并保存，如图 2-21 所示。

微课：文本编辑与格式设计

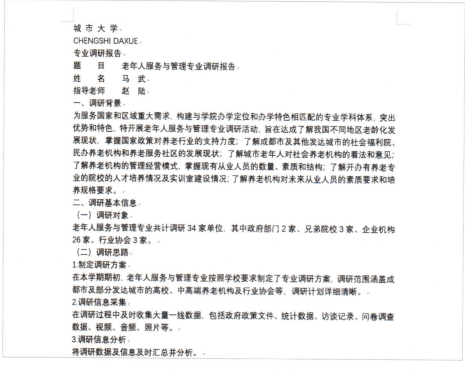

图 2-21　输入报告文字内容

2. 设置文档的字体、字号与行间距

1）按 Ctrl+A 组合键，选中全部文档，在"开始"→"字体"选项组中设置字体为仿宋、三号，如图 2-22 所示。然后在"布局"→"段落"选项组中，设置全文档的行间距为固定值、30 磅。

图 2-22　设置文档的字体、字号

2）设置文档的标题和目录层级。选中调研报告的标题，在"开始"→"字体"选项组中设置字体字号为方正小标宋简体、二号，并居中显示。选中文档一级标题，在"字体"选项组中设置文档的一级标题为黑体，设置所有段落为首行空两格；设置二级标题为楷体，三级标题为仿宋，如图 2-23 所示。

老年人服务与管理专业调研报告

一、调研背景

为服务国家和区域重大需求，构建与学院办学定位和办学特色相匹配的专业学科体系，突出优势和特色，特开展老年人服务与管理专业调研活动，旨在达成了解我国不同地区老龄化发展现状，掌握国家政策对养老行业的支持力度；了解成都市及其他发达城市的社会福利院、民办养老机构和养老服务社区的发展现状；了解城市老年人对社会养老机构的看法和意见；了解养老机构的管理经营模式，掌握现有从业人员的数量、素质和结构；了解开办有养老专业的院校的人才培养情况及实训室建设情况；了解养老机构对未来从业人员的素质要求和培养规格要求。

二、调研基本信息

（一）调研对象

老年人服务与管理专业共计调研 34 家单位，其中政府部门 2 家、兄弟院校 3 家、企业机构 26 家、行业协会 3 家。

（二）调研思路

1.制定调研方案

在本学期期初，老年人服务与管理专业按照学校要求制定了专业调研方案，调研范围涵盖成都市及部分发达城市的高校、中高端养老机构及行业协会等，调研计划详细清晰。

2.调研信息采集

在调研过程中及时收集大量一线数据，包括政府政策文件、统计数据、访谈记录、问卷调查数据、视频、音频、照片等。

3.调研信息分析

将调研数据及信息及时汇总并分析。

4.形成调研报告

结合调研结果，编制调研报告。

（三）调研内容

1.专业人才社会需求调研与预测分析

通过对政府部门、行业企业等单位的调研，了解专业人才需求情况。

2.社会经济发展对专业人才的需求调研

明确今后一个时期区域经济的发展方向及产业政策，尤其是老年服务事业相关文件政策，掌握政策落地情况。

3.专业人才培养目标、专业人才培养规格调研

通过对同类院校及相关企业的调研，了解区域内同类院校此类专业的开设情况，掌握不同院校的专业特色和培养模式，了解养老机构的岗位设置及技能要求，摸清培养目标，明确培养规格。

（四）调研方式

1.专家访谈

与老年服务行业的专家进行深入交流，了解专业发展现

图 2-23　设置标题的字体、字号

3. 自动生成目录

1）将鼠标指针定位在"一、调研背景"处，单击"开始"→"段落"选项组右下角的对话框启动器按钮，在打开的"段落"对话框中设置"大纲级别"为"1 级"，如图 2-24 所示。当第一个一级标题设置好后，可以通过选中文档中的"二、调研基本信息""三、调研结论"，然后双击"格式刷"按钮，使用格式刷功能依次完成各一级标题的大纲级别设置。二级标题、三级标题等的大纲级别设置同上，即分别设置大纲级别为"2 级"和"3 级"。

图 2-24　设置大纲级别

2）插入文档页码并自动生成目录。

① 在页脚插入页码。单击"插入"→"页眉和页脚"→"页码"下拉按钮，在弹出的下拉列表中选择"页面底端"→"普通数字 2"选项，如图 2-25 所示。

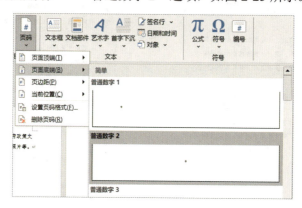

图 2-25　插入页码

② 插入分节符。在所有标题按层级进行了大纲级别设定的基础上，将鼠标指针定位在文档标题前，选择"布局"→"页面设置"→"分隔符"→"分节符"选项。

③ 自动生成目录。在首页空白页单击，选择"引用"→"目录"→"目录"→"自动目录 1"选项，结果如图 2-26 所示。

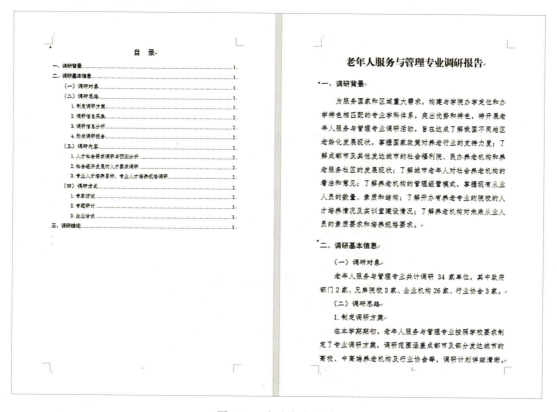

图 2-26　自动生成目录

④ 更新目录。若对文档内容进行了调整，则相应的目录页码也应该进行调整，此时需要更新目录。单击目录内容，此时，目录左上角会出现"更新目录"按钮，单击"更新目录"按钮，打开"更新目录"对话框，根据需要选择"只更新页码"或"更新整个目录"；或在目录处右击，在弹出的快捷菜单中选择"更新域"选项，也会打开"更新目录"对话框，根据需要选择更新范围即可。

到此，目录设置完毕。使用目录时，自动生成的目录非常智能，能够帮助大家通过目录迅速定位到某一章节。按住 Ctrl 键，单击需要定位的章节，即可自动跳转至所需要定位的章节。

4. 页眉标记

在调研报告中，一般要求页眉标记章节名，而不同的章节需要使用不同的章节标记，这时就需要插入"域"。首先将鼠标指针移动至需要插入页眉标记的页面顶端，即页眉处，双击页眉即可进入页眉编辑模式。然后单击"插入"→"文本"→"文档部件"下拉按钮，在弹出的下拉列表中选择"域"选项，打开"域"对话框，在"域名"列表框中选择"StyleRef"选项，在"样式名"列表框中选择"标题 1"选项，单击"确定"按钮，即可在不同章节的页眉处显示不同的章节名，如图 2-27 所示。

微课：页眉页脚设置

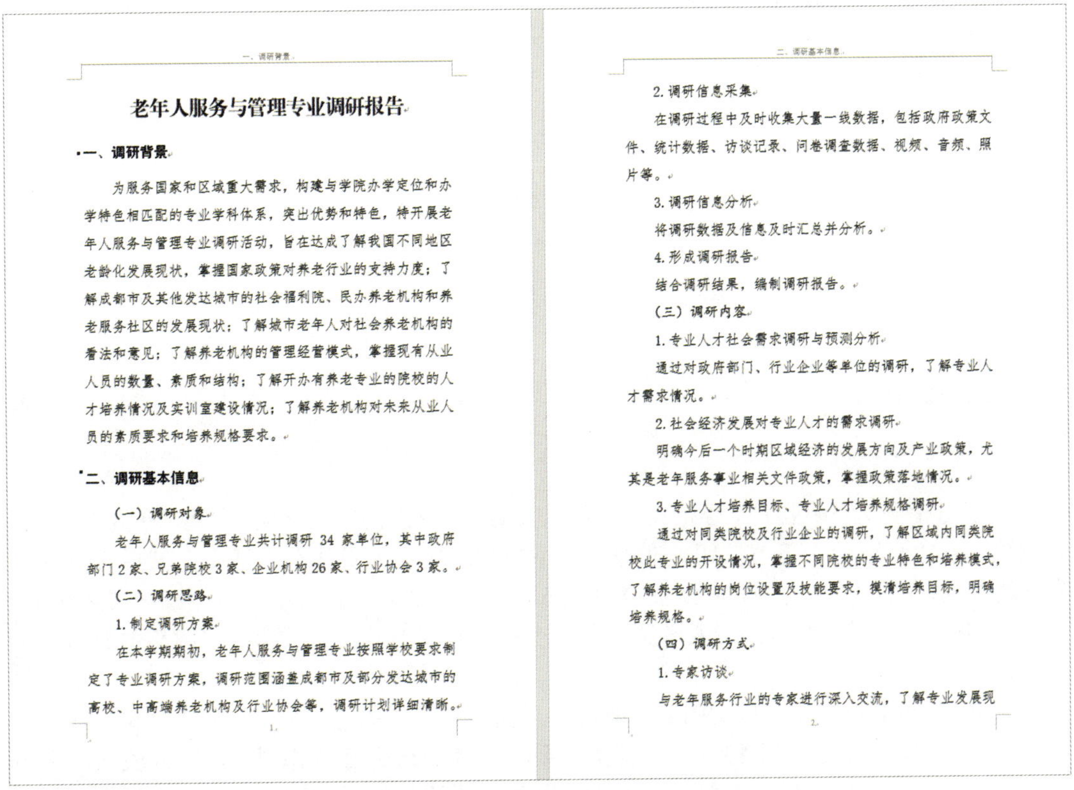

图 2-27　在不同章节的页眉处显示不同的章节名

5. 制作调研报告封面

单击"插入"→"页面"→"封面"下拉按钮，在弹出的下拉列表内置的封面样式中选择"平面"样式，结果如图 2-28 所示。制作者也可以结合调研报告的专业特点，选择更为适合的封面样式，然后根据调研报告的内容编辑封面。

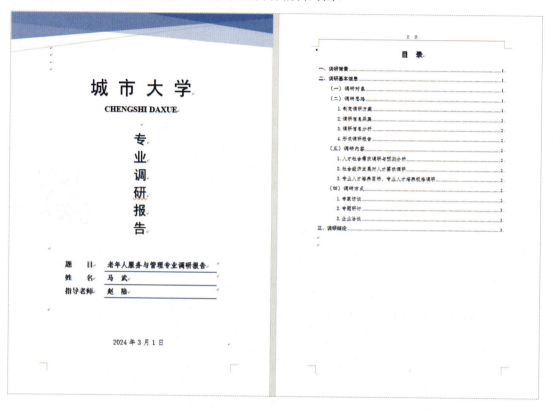

图 2-28　插入封面

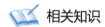 相关知识

1. 设计毕业论文的封面

1）新建名称为"职业大学学生吸引力现状及对策研究"的空白文档，单击"布局"→"页面设置"→"页边距"下拉按钮，在弹出的下拉列表中设置页边距为适中，然后设置纸张方向为纵向，纸张大小为 A4，页边距为上 2.6 厘米、下 2.3 厘米、左 2.3 厘米、右 2.3 厘米。

2）用表格设置封面样式。表格是一个标准格式布局方式，比手动码字调整页面结构更快捷、方便。

① 在封面中插入表格与文档，完成论文封面的设计。单击"插入"→"表格"→"表格"下拉按钮，在弹出的下拉列表中根据需要，选择表格的行数和列数，插入表格。上下调整表格行距，如果要插入表格的行或列，则可在需添加的行或列处右击，在弹出的快捷菜单中选择"插入"→"插入单元格"选项，在打开的"插入单元格"对话框中进行设置，或根据实际需要选择"在左侧插入列"或"在上方插入行"等选项。

②　设置表格格式。表格的宽窄，可以根据自己的需求进行上下、左右调节。将鼠标指针移动至需要调整的表格框线上，当鼠标指针变为"="形状时，可以上下或左右移动表格框线，将表格调整至适当的位置。同时，选中整个表格，右击，在弹出的快捷菜单中选择"表格属性"选项，在打开的"表格属性"对话框中选择"单元格"选项卡，设置"垂直对齐方式"为"居中"，然后单击"确定"按钮。在表格中分别输入城市大学 2024 届毕业生毕业论文、论文标题、学生姓名、分院名称、专业班级、学号、指导教师、单位落款等内容，并调整字体、字号。

最后，选中整个表格，单击"表格工具-设计"→"边框"下拉按钮，在弹出的下拉列表中设置"边框"为"无边框"。

至此，一个比较正式的封面就制作完成了，如图 2-29 所示。

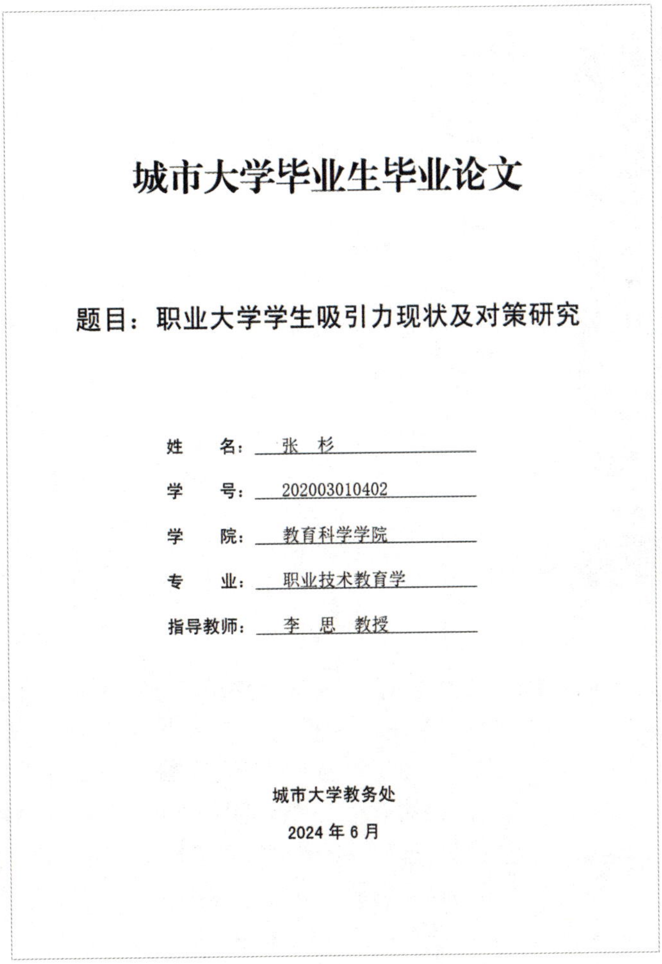

城市大学毕业生毕业论文

题目：职业大学学生吸引力现状及对策研究

姓　　名：　张 杉

学　　号：　202003010402

学　　院：　教育科学学院

专　　业：　职业技术教育学

指导教师：　李 思 教授

城市大学教务处

2024 年 6 月

图 2-29　毕业论文封面设计

2. 保护文档

在 Word 2016 中可以通过为文档设置密码或限制编辑的方式，防止非法用户查看或修改文档的内容。保护文档的操作步骤如下。

1）选择"文件"→"信息"选项，在打开的界面中单击"保护文档"下拉按钮，在弹出的下拉列表中选择"限制编辑"选项，如图2-30所示。在打开的"限制编辑"窗格中，选中"限制对选定的样式设置格式"和"仅允许在文档中进行此类型的编辑"复选框，然后选择修订、批注、填写窗体、不允许任何更改（只读）中的任意选项。设置完成后，单击"是，启动强制保护"按钮即可。

图 2-30　设置限制编辑

2）当需要对文档设置更高级的保护时，可以使用密码。具体步骤如下：选择"文件"→"信息"→"保护文档"→"用密码进行加密"选项，在打开的"加密文档"对话框中输入想要设置的密码，如图2-31所示，然后单击"确定"按钮，在打开的对话框中再次输入密码进行确认。密码设置成功后，当关闭并重新打开文档时，需要输入密码才能查看和编辑文档。

图 2-31　设置文档密码

注意：无论选择哪种保护方式，都一定要记住设置的密码，否则将无法打开或编辑文档。如果忘记了密码，则可能无法恢复文档，所以请谨慎设置密码并妥善保管。

 任务拓展

对一篇完整的毕业论文进行排版。

任务 *2.4* 批量制作成绩单

☞ **任务描述**

  在工作过程中，经常需要批量制作一些文档。如果一份一份地制作，不仅劳神费力，而且容易出错。此时，可以使用 Word 2016 的邮件合并功能进行批量制作，省时省力，又不会出错。通过使用邮件合并的方式批量制作成绩单、奖状等，是提高工作效率、避免工作失误的重要手段。通过批量制作成绩单和奖状的练习，可以提升批量文档制作的能力，并可以提高工作效率与质量。要求如下：批量制作具有不同个人信息的成绩单。

☞ **任务目标**

1. 掌握邮件合并的基本过程和相关操作方法。
2. 能制作邮件合并的主文档和数据源。
3. 培养创新思维和举一反三解决问题的能力。

💻 **任务实施**

1. 制作主文档并建立数据源

（1）制作成绩单主文档

1）新建文档。新建一个 Word 文档，并命名为"城市大学 2024—2025 学年第一学期期末成绩报告单"，在文档中输入标题"城市大学 2024—2025 学年第一学期期末成绩报告单"，设置字体为黑体、二号，在标题下输入"年级：2024 级 专业：学前教育"，设置字体为楷体、三号，如图 2-32 所示。

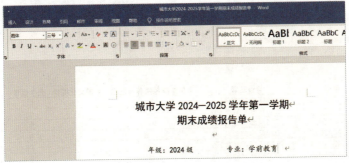

图 2-32　期末成绩报告单文档

微课：表格插入
与编辑

2）插入表格。单击"插入"→"表格"→"表格"下拉按钮，在弹出的下拉列表中根据需要选择合适的行数、列数；或选择"插入表格"选项，在打开的对话框中设置行数、列数。

3）输入成绩单需呈现的相同的文字内容，如姓名、学号、专业班级、年级排名、科目及对应的课程名称等。对输入的文字内容格式进行设置，设置字体为黑体、三号，并居中。标题及单元格中的内容要居中：选中所有表格，右击，在弹出的快捷菜单中选择"表格属性"选项，在打开的"表格属性"对话框中设置表格和单元格为"居中"，并合并"科目"单元格。在文档末尾添加落款"城市大学教务处"及时间"2025年2月15日"，并设置字体为楷体、三号，如图2-33所示。

图2-33　成绩单主文档

（2）制作数据源

1）新建Excel文档，并命名为"期末考试成绩单统计表"，在成绩表中横向输入姓名、学号、专业班级、思想道德修养与法治、中国文化概论、大学数学、总分、年级排名等标题，并设置表格边框为所有框线、居中、加粗，适当调整边框位置，确保所有内容显示完整。

2）输入学生信息及成绩，完成学生成绩单数据源的制作，如图2-34所示。

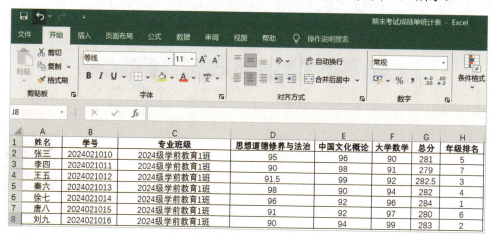

图2-34　学生成绩单数据源表

2. 批量制作成绩单

准备好学生成绩单数据源表（Excel）和成绩单主文档（Word）后，就可以利用邮件合并功能进行成绩单的批量制作了。

微课：邮件合并设置

（1）选择数据源

1）在成绩单主文档中，单击"邮件"→"开始邮件合并"→"开始邮件合并"下拉按钮，在弹出的下拉列表中选择"信函"选项，如图 2-35 所示。

图 2-35　选择"信函"选项

2）单击"邮件"→"开始合并邮件"→"选择收件人"下拉按钮，在弹出的下拉列表中选择"使用现有列表"选项，在打开的"选取数据源"对话框中，选择之前创建的期末考试成绩单统计表工作簿，然后单击"打开"按钮，在打开的"选择表格"对话框中找到统计表的存储位置并选择该工作表，然后单击"确定"按钮即可。

（2）设置邮件合并

将鼠标指针定位于成绩单主文档中的表格"姓名"单元格右侧的空白单元格中，然后单击"邮件"→"编写和插入域"→"插入合并域"下拉按钮，在弹出的下拉列表中选择"姓名"选项。重复该操作，在单元格右侧的空白单元格中依次插入"学号""专业班级""年级排名""思想道德修养与法治""中国文化概论""大学数学"等。插入合并域后的效果如图 2-36 所示。

图 2-36　插入合并域

（3）预览邮件合并效果

插入所需呈现的所有合并域后，可以利用"邮件"选项卡中的"预览结果"按钮对合并效果进行预览。单击"邮件"→"预览结果"→"预览结果"按钮，即可查看邮件合并后的效果。

（4）完成邮件合并

如果对预览结果满意，则可以完成邮件合并。单击"邮件"→"完成"→"完成并合并"下拉按钮，在弹出的下拉列表中选择"编辑单个文档"选项，在打开的对话框中选中"全部"单选按钮，然后单击"确定"按钮，结果如图 2-37 所示。

至此，批量完成了成绩报告单的制作。

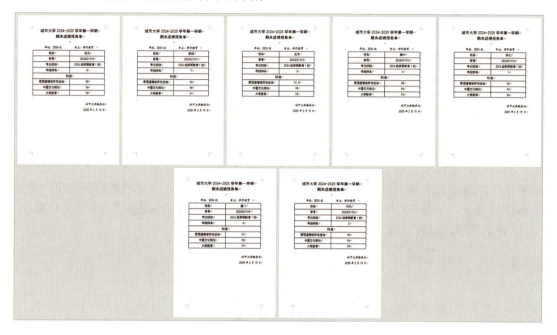

图 2-37　完成邮件合并

（5）打印

输出成绩单样张，对格式进行微调，满意后即可进行批量打印。

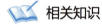 相关知识

1. 邮件合并的基本过程

1）制作主文档。主文档是指固定不变的主体内容，如信封中的落款、信函中对每个收信人都不变的内容等。使用邮件合并之前需要先建立主文档，通过建立主文档，为数据源的建立或选择提供标准和思路。

2）建立数据源。数据源就是含有标题行的数据记录表，其中包含相关的字段和记录内容。数据源表格可以是 Word、Excel、Access 或 Outlook 中的联系人记录表。

在实际工作中，数据源通常是现成存在的，如要制作大量客户信封，多数情况下，客户信息可能早已被制作成了 Excel 表格，其中含有制作信封所需要的"姓名""地址""电

话"等字段。在这种情况下，可以将数据表直接拿过来使用，而不必重新制作。

如果没有现成的数据表，则要根据主文档对数据源的要求进行建立，根据个人的习惯，使用 Word、Excel、Access 等软件都可以，在实际工作时，常常使用 Excel 软件制作数据表。

3）把数据源合并到主文档中。前面两件事情都做好之后，就可以将数据源中的相应字段合并到主文档的固定内容中了。表格中的记录行数，决定着主文件生成的份数。整个合并操作过程可以利用"邮件合并向导"功能完成，非常简单方便。

2. 文档打印预览与保存

对于已经完成输入和格式设置的文档，可以打印出来。在打印之前，可以通过"打印预览"功能预览打印的效果。

1）打印预览：选择"文件"→"打印"选项，即可打开打印预览界面。也可以单击快速工具栏中的"打印预览和打印"按钮来实现打印预览。

2）输出 PDF 文档：文档除可以保存为.docx 的格式外，还可以保存为 PDF 格式或其他格式。选择"文件"→"另存为"→"浏览"选项，在打开的"另存为"对话框中选择存储的位置后，在"保存类型"下拉列表中选择"PDF"选项即可，如图 2-38 所示。

图 2-38 输出为 PDF 文档

 任务拓展

批量制作 40 份电子奖状。

项目 3

电子表格处理

▌项目导读

  Excel 具有强大的数据处理、统计分析和辅助决策功能，广泛应用于各领域。它可以进行各种数据的处理、统计分析和辅助决策操作，如输入输出、显示数据，进行数据计算，对输入的数据进行各种复杂统计运算后显示为可视性极佳的表格，将大量枯燥无味的数据变为多种漂亮的彩色商业图表显示出来，将各种统计报告和统计图打印出来等。本项目将系统地介绍 Excel 的表格制作、统计分析、数据处理、函数分析等内容。

▌学习目标

知识目标

- 熟悉新建、输入、保存、打开及退出等基本操作，掌握数据输入、修饰的方法技巧。
- 掌握公式、函数（常用函数和一般函数）的使用方法和技巧。
- 掌握 Excel 的数据处理技巧，从而提高统计的效率。
- 掌握数据筛选、数据透视表等统计分析工具的用法。
- 掌握查找函数的功能。

能力目标

- 能制作学生信息表。
- 能对每位学生的总成绩、班级排名和每一科目的班级平均分等项目进行统计分析。
- 能对学生的学习成绩进行数据筛选，并能创建数据透视表。
- 能利用信息制作一个简单的成绩查询系统。

素养目标

- 树立效率意识、质量意识，自觉提高工作效率和工作质量。
- 强化计算思维，养成使用公式和函数进行数据处理的意识。
- 培养严谨、细致、认真、负责的工作态度。
- 培养逻辑思维、创新思维和深入思考、善于钻研的学习精神。

任务 3.1 制作并修饰学生信息表

☞ **任务描述**

Excel 软件是集电子表格、图表、数据库管理于一体的电子表格软件，本任务是通过学生信息表的制作，使学生掌握输入数据和格式化表格等的操作方法，效果图如图 3-1 和图 3-2 所示。

☞ **任务目标**

1. 掌握 Excel 软件的基本操作。
2. 能制作学生信息表并进行修饰。
3. 树立效率意识、质量意识，自觉提高工作效率和工作质量。

	A	B	C	D	E	F	G	H
1	学生信息表							
2	序号	学号	姓名	性别	年龄	年级	联系电话	院系名称
3	001	20200001	陈霞	女	18	2020级	138****2201	经济管理学院
4	002	20200002	武海	男	18	2020级	138****2202	经济管理学院
5	003	20200003	刘繁	女	17	2020级	138****2203	经济管理学院
6	004	20200004	袁锦辉	男	17	2020级	138****2204	经济管理学院
7	005	20200005	贺华	男	18	2020级	138****2205	经济管理学院
8	006	20200006	钟兵	男	18	2020级	138****2206	经济管理学院
9	007	20200007	丁芬	女	18	2020级	138****2207	经济管理学院
10	008	20200008	林锦	女	18	2020级	138****2208	经济管理学院
11	009	20200009	林熙然	男	17	2020级	138****2209	经济管理学院
12	010	20200010	任华	男	19	2020级	138****2210	经济管理学院
13	011	20200011	何山	男	18	2020级	138****2211	经济管理学院
14	012	20200012	陈静	女	18	2020级	138****2212	经济管理学院

图 3-1　学生信息表

	A	B	C	D	E	F	G	H
1	学生信息表							
2	序号	学号	姓名	性别	年龄	年级	联系电话	院系名称
3	001	20200001	陈霞	女	18	2020级	138****2201	经济管理学院
4	002	20200002	武海	男	18	2020级	138****2202	经济管理学院
5	003	20200003	刘繁	女	17	2020级	138****2203	经济管理学院
6	004	20200004	袁锦辉	男	17	2020级	138****2204	经济管理学院
7	005	20200005	贺华	男	18	2020级	138****2205	经济管理学院
8	006	20200006	钟兵	男	18	2020级	138****2206	经济管理学院
9	007	20200007	丁芬	女	18	2020级	138****2207	经济管理学院
10	008	20200008	林锦	女	18	2020级	138****2208	经济管理学院
11	009	20200009	林熙然	男	17	2020级	138****2209	经济管理学院
12	010	20200010	任华	男	19	2020级	138****2210	经济管理学院
13	011	20200011	何山	男	18	2020级	138****2211	经济管理学院
14	012	20200012	陈静	女	18	2020级	138****2212	经济管理学院

图 3-2　修饰后的学生信息表效果

任务实施

1. 制作学生信息表

（1）启动 Excel 2016

启动 Excel 2016 的方法有以下 3 种。

图 3-3　Excel 2016
快捷方式图标

1）双击桌面上的"Excel 2016"快捷方式图标，如图 3-3 所示。

2）按键盘上的▦键或单击桌面左下角的图标，启动 Windows 的"开始"菜单，选择"Excel 2016"选项。

3）在桌面空白处右击，在弹出的快捷菜单中选择"新建"→"Microsoft Excel 工作表"选项，桌面将自动建立一个名称为"新建 Microsoft Excel 工作表"的工作簿。双击新建的 Excel 工作表即可启动 Excel 2016。

（2）新建一个空白工作簿

新建一个 Excel 空白工作簿的方法有以下 3 种。

1）启动 Excel 2016，即可新建一个空白工作簿"工作簿 1"。

2）打开一个 Excel 2016 工作簿，在其编辑页面上按 Ctrl+N 组合键（"新建"命令的快捷键）。

3）在打开的 Excel 2016 工作簿中，选择"文件"→"新建"选项，打开"新建"界面，选择"空白工作簿"选项，如图 3-4 所示，即可创建一个新的空白工作簿。

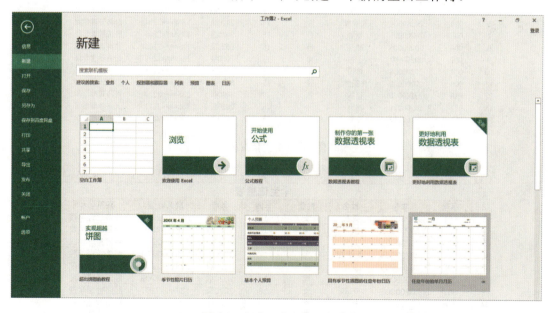

图 3-4　新建一个空白工作簿

启动 Excel 2016 后，系统会自动新建一个名称为"工作簿 1"的空白工作簿，用户可以在其中进行内容的添加，如图 3-5 所示。

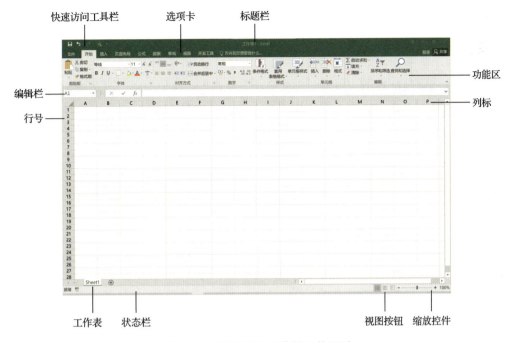

快速访问工具栏　　选项卡　　标题栏

功能区

编辑栏

行号

列标

工作表　状态栏　　　　　视图按钮　缩放控件

图 3-5　新建的空白工作簿及其界面

（3）设置页面

根据所需实际纸张大小设置页面。

单击"页面布局"→"页面设置"→"纸张大小"下拉按钮，在弹出的下拉列表中选择合适的纸张大小，或选择"其他纸张大小"选项，在打开的"页面设置"对话框中进行设置，如图 3-6 所示。

微课：数据录入

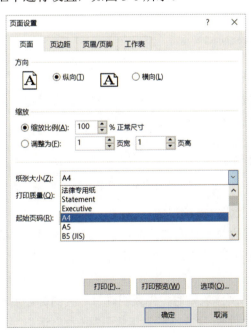

图 3-6　设置页面纸张大小

提示：先进行页面设置，可以保证在打印的时候无须重新设置页面、调整列宽和行高。

（4）保存工作簿

在工作簿的制作过程中，应养成经常单击"保存"按钮的习惯，以免因突然断电、计算机死机等意外事件造成新输入的内容丢失。此外，在使用 Excel 2016 进行编辑时，默认设置有自动保存功能（默认保存时间间隔是 10 分钟），选择"文件"→"选项"→"保存"选项，在"保存自动恢复信息时间间隔"编辑框中可以自定义自动保存时间间隔，如图 3-7 所示。

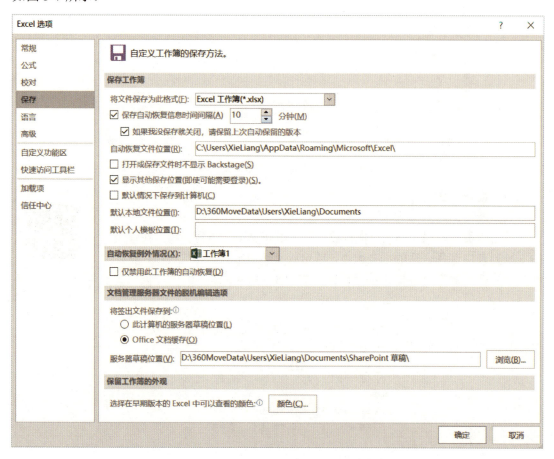

图 3-7　设置自动恢复信息时间间隔

（5）向工作簿中输入数据

对数据进行正确分析的前提是向工作簿中输入的数据必须准确、规范。下面在 Excel 中建立学生信息表，主要包括序号、学号、姓名、性别、年龄、年级、联系电话、院系名称等信息。

1）输入列标题名称。制作表格时，先要明确每一列的标题名称。对于本任务而言，有"序号""学号""姓名""性别""年龄""年级""联系电话""院系名称"等若干个列标题名称。

具体操作方法如下：选中 A2 单元格，输入"序号"，然后在右侧单元格中依次输入"学号""姓名""性别""年龄""年级""联系电话""院系名称"等标题名称，如图 3-8 所示。

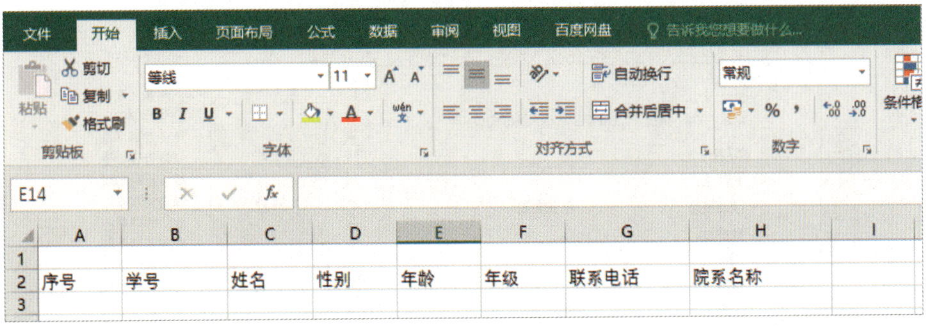

图 3-8　输入列标题名称

2）输入序号、学号。在 Excel 中，如果需要输入的数据是由序列构成的，如序号、学号等，可以不必手动一一输入，而利用自动填充柄自动填充相同数据或具有规律的数据，从而提高工作效率。

在 A3 单元格中输入数字 1，将鼠标指针移动到 A3 单元格的右下角，当鼠标指针变为黑色十字形状时，按住鼠标左键并向下拖动至最后一位学生的序号处，释放鼠标左键后即会出现"自动填充选项"按钮，单击其右侧的下拉按钮，在弹出的下拉列表中选择填充方式，如选中"填充序列"单选按钮，则序号按照 1、2、3……的规律进行填充。

3）数据验证。输入联系电话的有效性设置。在 Excel 中，"数据验证"功能主要用于规定可以在单元格中输入的内容，在本任务中，"联系电话"的位数为 11 位，可以规定联系电话的取值范围，从而规范数据输入的有效性。

具体操作步骤如下。

将鼠标指针移动到 G3 单元格上，按住鼠标左键并拖动至 G14 单元格处，选中 G3:G14 单元格区域，单击"数据"→"数据工具"→"数据验证"下拉按钮，在弹出的下拉列表中选择"数据验证"选项，打开"数据验证"对话框。在"允许"下拉列表中选择"文本长度"选项，在"数据"下拉列表中选择"等于"选项，在"长度"文本框中输入数字"11"，如图 3-9 所示。选择"输入信息"选项卡，在"输入信息"文本框中输入"请输入 11 位整数"。选择"出错警告"选项卡，在"错误信息"文本框中输入"请确认您输入的数据为 11 位"，然后单击"确定"按钮。

4）制作标题。将鼠标指针移动到 A1 单元格处，按住鼠标左键并拖动至 H1 单元格处，选中 A1:H1 单元格区域，单击"开始"→"对齐方式"→"合并后居中"按钮，如图 3-10 所示。然后在第一行合并的单元格中输入标题"学生信息表"。

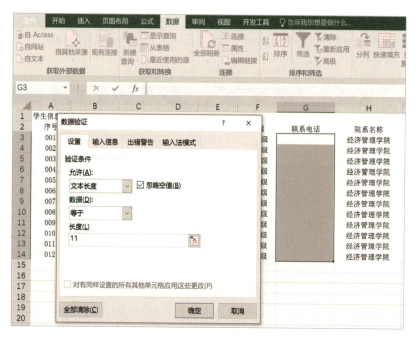

图 3-9　设置数据长度

图 3-10　标题合并后居中

5）重命名工作表。在工作表标签"Sheet1"上右击，在弹出的快捷菜单中选择"重命名"选项，如图 3-11 所示，然后输入工作表的名称，在这里输入"学生信息表"。此操作也可以直接双击工作表标签"Sheet1"，然后输入工作表的名称。

图 3-11　重命名工作表

2. 修饰学生信息表

（1）打开学生信息表工作簿

打开已有的工作簿的方法有两种：如果 Excel 2016 已经启动，则可以在 Excel 中通过选择"文件"→"打开"选项（或按 Ctrl+O 组合键），在打开的对话框中根据工作簿的存储路径找到并打开工作簿；如果 Excel 2016 未启动，则可以找到要打开的工作簿，双击（或右击，然后在弹出的快捷菜单中选择"打开"选项），即可打开该工作簿。

（2）修饰列标题行的格式

1）选中 A2:H2 单元格区域，如图 3-12 所示。

	序号	学号	姓名	性别	年龄	年级	联系电话	院系名称
1					学生信息表			
2	序号	学号	姓名	性别	年龄	年级	联系电话	院系名称
3	001	20200001	陈霞	女	18	2020级	138****2201	经济管理学院
4	002	20200002	武海	男	18	2020级	138****2202	经济管理学院

图 3-12　选择单元格区域

2）单击"开始"→"字体"→"加粗"按钮，设置列标题字号为 12，对齐方式为水平居中、垂直居中。

3）单击"开始"→"字体"→"填充颜色"下拉按钮，在弹出的下拉列表中选择"橙色，个性色 2，淡色 40%"选项，如 3-13 所示。

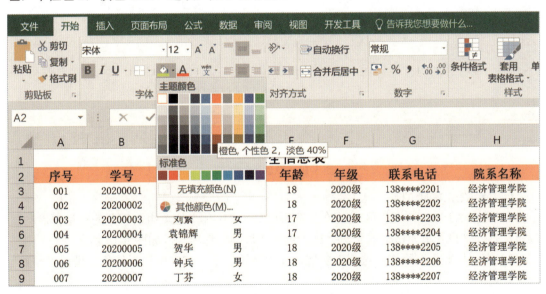

图 3-13　设置填充颜色

（3）设置列标题下方数据的格式

1）选中 A3:H14 单元格区域，单击"开始"→"对齐方式"→"居中"按钮。

2）选中 C3:C14 单元格区域，单击"开始"→"对齐方式"选项组右下角的对话框启动器按钮，打开"设置单元格格式"对话框。在"水平对齐"下拉列表中选择"分散对齐"选项，并选中"两端分散对齐"复选框，如图 3-14 所示，然后单击"确定"按钮。

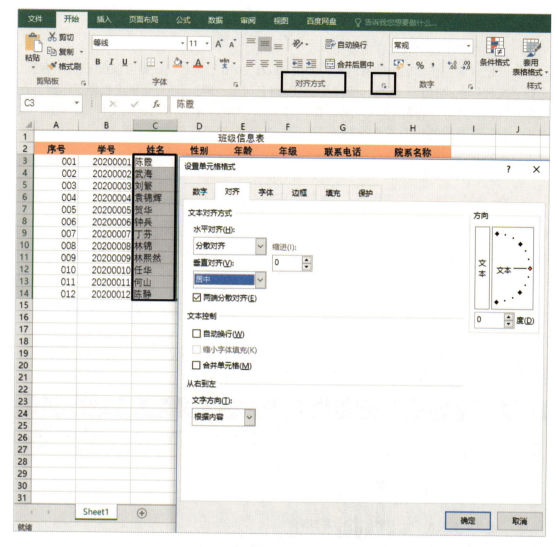

图 3-14　设置分散对齐

（4）给数据添加边框

1）选中 A1:H14 单元格区域，单击"开始"→"字体"选项组右下角的对话框启动器按钮，打开"设置单元格格式"对话框，选择"边框"选项卡，如图 3-15 所示。

2）在"样式"列表框中选择双实线，在"颜色"下拉列表中选择红色，设置"预置"为"外边框"。

3）设置线条为单实线、红色，预置为内部，然后单击"确定"按钮。

（5）调整行高/列宽

1）将鼠标指针移动到行号"1"上，按住鼠标左键并拖动到行号"14"，释放鼠标左键，这样就选中了 1~14 行。

2）移动鼠标指针到 1~14 行中任意行号的边界位置，当鼠标指针变成双向箭头↕时，按住鼠标左键并向下拖动可以调整行高，行高符合要求之后释放鼠标左键。

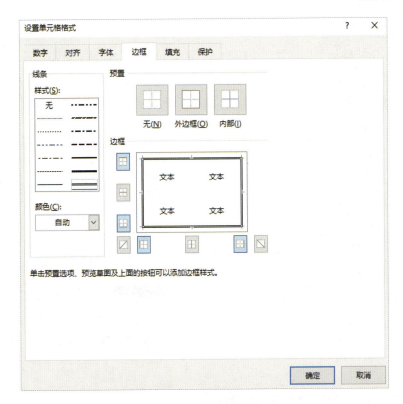

图 3-15　设置边框

3）将鼠标指针移动到列号"A"上，按住鼠标左键并拖动到列号"H"，释放鼠标左键，这样就选中了 A～H 列。

4）移动鼠标指针到 A～H 列中任意列的边界位置，当鼠标指针变成双向箭头↔时，按住鼠标左键并向右拖动可以调整列宽，列宽符合要求之后释放鼠标左键。

提示：选中了要调整行高/列宽的行/列区域后，右击，在弹出的快捷菜单中选择"行高"选项，如图 3-16 所示，在打开的对话框中设置要求的行高/列宽，即可完成行高/列宽的设置。

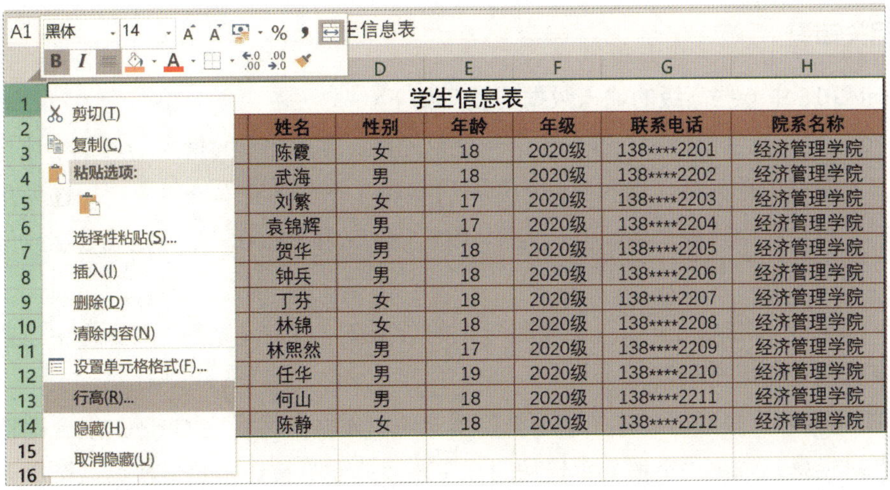

图 3-16　选择"行高"选项

（6）设置标题，保存工作簿

1）将鼠标指针移动至标题"学生信息表"处，单击选中标题。单击"开始"→"字体"选项组右下角的对话框启动器按钮，在打开的"设置单元格格式"对话框中设置"字体"为黑体、"字形"为加粗、"字号"为14，如图3-17所示，然后单击"确定"按钮。

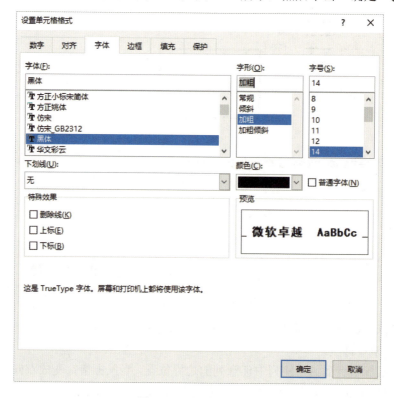

图3-17　设置标题字体

2）单击"保存"按钮，将最终结果保存到原位置的工作簿。

 相关知识

Excel 2016中一些高级的输入数据的技巧如下。

1）批量填充数字或日期。首先选中一个单元格，然后在单元格中输入数字或日期。接着全选需要填充的单元格，选择"开始"→"编辑"→"填充"→"序列"选项，在打开的"序列"对话框中设置"步长值"为1，"终止值"为10000，即可完成数字或日期的批量填充。

2）内置序列批量填充。首先需要将填充的数据在"自定义序列"对话框中设置好，然后使用填充柄功能填充即可。

3）批量输入重复数据。首先全选需要填充的单元格，然后按Ctrl+G组合键打开"定位条件"对话框，选中"空值"单选按钮，单击"确定"按钮。然后在第二个单元格中输入公式"=D1"即可完成批量输入。

4）取消超链接。在表格中输入某一网址，会自动生成超链接。如果要取消该超链接，则需要定位到产生超链接的单元格，然后按 Ctrl+Z 组合键即可把超链接去掉。

5）在单元格中进行换行输入。在单元格中，如果要进行换行输入，则可以按 Alt+Enter 组合键。

6）快速填充同样的内容。选中要进行批量填充的单元格区域，然后输入内容，最后按 Ctrl+Enter 组合键即可将所选单元格批量填充相同的内容。

7）快速生成下拉列表。当要输入的内容和前几行的数据相同时，在要输入内容的单元格中按 Alt+↓ 组合键，即可生成一个下拉列表以供选择，实现快速输入。

8）快捷横向或纵向输入。为了减少单击的次数，选定需要输入的区域，按 Tab 键可以进行横向输入，按 Enter 键可以进行纵向输入。

假如需要设置的序号为 001、002、003 等形式，则可按照以下两种方式进行设置。

① 在 A3 单元格中直接输入"001"并按 Enter 键后，却显示成了"1"。此时将鼠标指针移动至 A3 单元格处，按住鼠标左键并拖动至 A14 单元格处，选中 A3:A14 单元格区域，单击"开始"→"数字"选项组右下角的对话框启动器按钮，打开"设置单元格格式"对话框。在对话框的"数字"选项卡中，设置"分类"为"自定义"，在"类型"文本框中输入"00#"，单击"确定"按钮，完成单元格的格式设置，如图 3-18 所示。

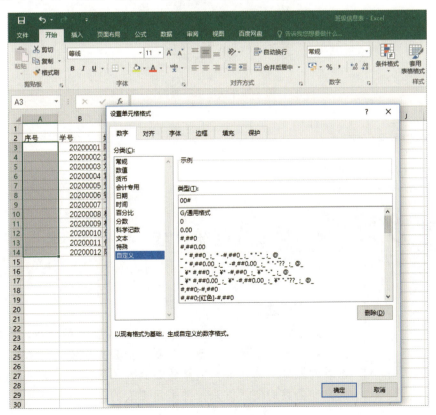

图 3-18　输入序号

提示：选中 A3:A14 单元格区域后，也可右击，在弹出的快捷菜单中选择"设置单元格格式"选项，打开"设置单元格格式"对话框。然后在对话框的"数字"选项卡中，设置"分类"为"自定义"，在"类型"文本框中输入"00#"，然后单击"确定"按钮，完成单元格的格式设置。

② 在 A3 单元格中输入一个"'"（英文单引号），再输入"001"，按 Enter 键确定。将鼠标指针移动至 A3 单元格右下角，当鼠标指针由空心十字形"⇧"变为实心十字形"✚"时，按住鼠标左键并拖动至 A14 单元格处，然后释放鼠标左键，单击"自动填充选项"下拉按钮，在弹出的下拉列表中选中"填充序列"单选按钮即可，如图 3-19 所示。

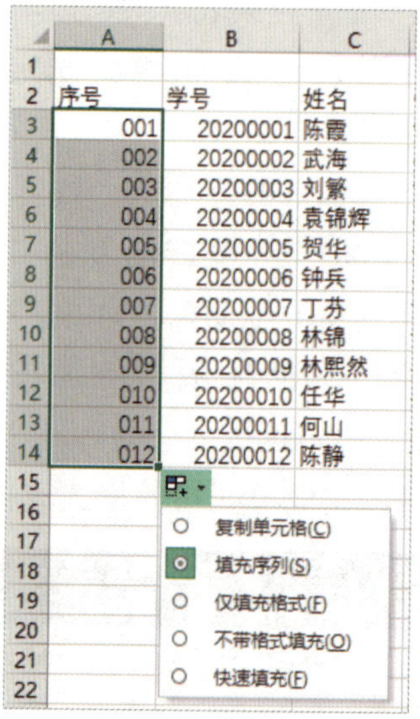

图 3-19　快速填充数据

📖 任务拓展

制作一份城市 I 公司的员工通信录。

任务 3.2　制作学生成绩统计表

☞ 任务描述

　　数据的统计与分析功能是 Excel 非常重要的功能，是 Excel 学习中具有一定难度的环节，主要包括公式的使用、函数的使用和图表的操作。本任务从简单的公式和函数入手，逐步深入地介绍公式和函数的使用方法，并采用图表的形式对统计数据进行形象展示。

学生成绩统计表是老师对全体学生成绩进行统计和分析的依据。学生成绩统计表将各科目的成绩进行汇总，并对每位学生的总成绩、班级排名和每一科目的班级平均分等项目进行统计分析，依据此统计表作为奖学金等评定的依据。学生成绩统计表如图 3-20 所示。

☞ **任务目标**

1. 能利用公式和函数计算学生总成绩、平均分、最高分、最低分和排名。
2. 制作学生成绩图表，并对图表进行格式化设置。
3. 强化计算思维，养成使用公式和函数进行数据处理的意识。

	A	B	C	D	E	F	G	H	I	J	K
1						学生成绩统计表					
2	序号	学号	姓名	性别	高等数学	大学英语I	大学体育	计算机应用基础	C语言基础	总成绩	排名
3	001	20200001	陈霞	女	87	87	83	79	75	411	8
4	002	20200002	武海	男	89	86	83	80	77	415	7
5	003	20200003	刘繁	女	80	89	86	88	79	422	5
6	004	20200004	袁锦辉	男	70	78	86	94	88	416	6
7	005	20200005	贺华	男	74	80	86	92	98	430	3
8	006	20200006	钟兵	男	95	56	81	74	67	373	10
9	007	20200007	丁芬	女	90	84	78	72	66	390	9
10	008	20200008	林锦	女	88	90	79	94	87	438	2
11	009	20200009	林熙然	男	78	76	75	72	70	361	11
12	010	20200010	任华	男	86	70	54	87	60	357	12
13	011	20200011	何山	男	92	89	86	83	80	430	3
14	012	20200012	陈静	女	85	88	91	94	97	455	1
15			总计	平均分	84.50	81.08	79.83	84.08	78.67	408.17	
16				最高分	95.00	90.00	91.00	94.00	98.00	455.00	
17				最低分	70.00	56.00	54.00	72.00	60.00	357.00	

图 3-20　学生成绩统计表

 任务实施

1. 统计学生成绩表数据

（1）创建学生成绩统计表并输入内容

1）新建一个工作簿并保存。启动 Excel 2016，新建一个空白工作簿。选择"文件"→"保存"选项，打开"另存为"对话框，选择文件要保存的位置，并在"文件名"文本框中输入"学生成绩统计表"，然后单击"保存"按钮。

2）将当前的 Sheet1 标签名称修改为"学生成绩统计表"并保存。

3）在工作簿中输入"序号""学号""姓名""性别""高等数学""大学英语 I""大学体育""计算机应用基础""C 语言基础"等标题。再根据考试成绩输入学生的实际成绩，如图 3-21 所示。

图 3-21　输入学生各科成绩

（2）使用公式计算总成绩

根据本任务提供的科目，总成绩的计算公式如下：总成绩=高等数学+大学英语Ⅰ+大学体育+计算机应用基础+C 语言基础。

1）选中 J3 单元格，在编辑栏中输入"=E3+F3+G3+H3+I3"，按 Enter 键结束输入，如图 3-22 所示；同理，选中 J4 单元格，输入"=E4+F4+G4+H4+I4"，按 Enter 键结束输入；以此类推，完成所有学生总成绩的计算。但是这样计算速度较慢，无法体现 Excel 快速完成计算的功能，其实可以采用公式的自动填充方式完成后续计算。

微课：表格处理

图 3-22　输入公式

2）删除 1）中计算的总成绩，选中 J3:J14 单元格区域，按 Delete 键删除内容。选中 J3 单元格，输入"=E3+F3+G3+H3+I3"，按 Enter 键结束输入。选中 J3 单元格，移动鼠标指针到 J3 单元格的右下角，当鼠标指针变为黑色十字形状时，按住鼠标左键并向下拖动，直到所有学生的总成绩计算完成。

（3）使用函数计算总成绩

1）选中 J3 单元格。

2）单击"公式"→"函数库"→"插入函数"按钮，打开"插入函数"对话框。

3）在"插入函数"对话框中，在"或选择类别"下拉列表中选择"常用函数"选项，在"选择函数"列表框中选择"SUM"函数，如图 3-23 所示，然后单击"确定"按钮。

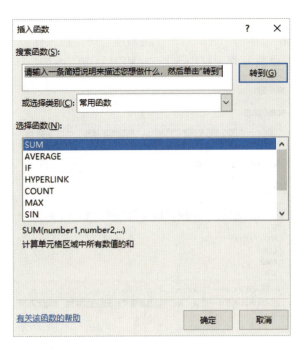

图 3-23　选择"SUM"函数

4）在打开的"函数参数"对话框中的"Number1"文本框中输入"E3:I3"，如图 3-24 所示，然后单击"确定"按钮。

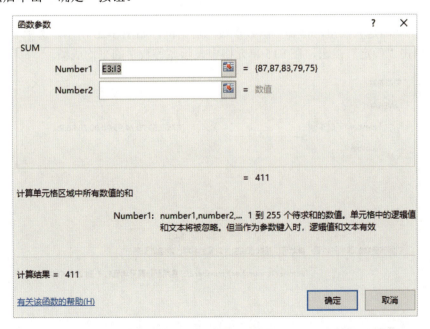

图 3-24　设置函数参数 1

利用自动填充功能，将此函数复制到此列的其他单元格中，则系统自动在其他单元格中填充对应学生的总成绩。

（4）计算平均分

1）选中 E15 单元格，单击"公式"→"函数库"→"插入函数"按钮，打开"插入函数"对话框，在"选择函数"列表框中选择"AVERAGE"函数，如图 3-25 所示。

图 3-25 选择"AVERAGE"函数

2）单击"确定"按钮，打开"函数参数"对话框，如图 3-26 所示。选中 E3:E14 单元格区域，单击"确定"按钮，在 E15 单元格中显示高等数学的平均成绩。

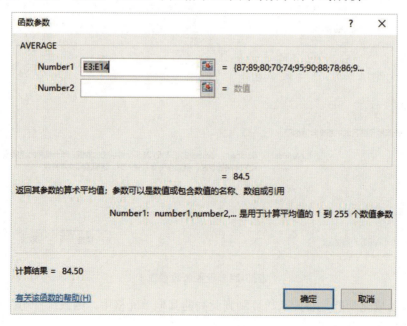

图 3-26 设置函数参数 2

3）利用自动填充功能，将此函数复制到此列的其他单元格中，则系统自动在其他单元格中填充对应科目的平均分。

（5）计算最高分和最低分

同理，使用 MAX()函数和 MIN()函数分别计算每科成绩的最高分和最低分。

提示：对于常用函数，Excel 提供了快捷操作命令。其具体操作步骤为，选中函数结果存放的单元格，单击"公式"→"函数库"→"自动求和"下拉按钮，如图 3-27 所示，在弹出的下拉列表中选择合适的函数，然后选择参数区域即可。

图 3-27　"自动求和"下拉列表

以使用 MAX()函数计算最高分为例，具体操作如下。

1）选中 E16 单元格。

2）选择如图 3-27 所示的"最大值"选项，函数如图 3-28 所示，默认参数包含已经计算的平均值 E15。

	A	B	C	D	E	F	G	H	I
1					学生成绩统计表				
2	序号	学号	姓名	性别	高等数学	大学英语I	大学体育	计算机应用基础	C语言基础
3	001	20200001	陈庆	女	87	87	83	79	75
4	002	20200002	武海	男	89	86	83	80	77
5	003	20200003	刘繁	女	80	89	86	88	79
6	004	20200004	袁锦辉	男	70	78	86	94	88
7	005	20200005	贺华	男	74	80	86	92	98
8	006	20200006	钟兵	男	95	56	81	74	67
9	007	20200007	丁芬	女	90	84	78	72	66
10	008	20200008	林锦	女	88	90	79	94	87
11	009	20200009	林熙然	男	78	76	65	72	70
12	010	20200010	任华	男	86	70	54	87	60
13	011	20200011	何山	男	92	89	86	83	80
14	012	20200012	陈静	女	85	88	91	94	97
15			总计	平均分	84.5				
16					=MAX(E3:E15)				
17				最低分	MAX(number1, [number2], ...)				

图 3-28　计算最大值

3）选中 E3:E14 单元格区域，按 Enter 键。

（6）统计排名

Excel 2016 中的排名函数使用的是 RANK()函数，此函数与早期版本兼容。该函数的功能是返回某数字在一列数字中相对于其他数值的大小排名。

1）选中 K3 单元格，单击"公式"→"函数库"→"插入函数"按钮，打开"插入函数"对话框，在"或选择类别"下拉列表中选择"全部"选项，再选择 RANK 函数，如图 3-29 所示。

图 3-29 选择"RANK"函数

2）单击"确定"按钮，打开"函数参数"对话框，如图 3-30 所示，设置函数参数。

图 3-30 设置 RANK()函数参数

其中，Number 是指需要在一列数字中进行排名的数字，当前需要对 J3 单元格中的 411 进行排名，所以此时在"Number"文本框中输入"J3"。Ref 是一组数或对一数据列表的引用，当前 Ref 中的填充内容为 J3:J14，为了保证在后续自动填充过程中函数的准确性，需要在行列前添加绝对引用符号$，如图 3-30 所示。Order 是指在数据列排名中表示升序还是降序排名的标识，如果输入 0 或忽略，则表示降序排名；如果输入非零值，则表示升序排名。这里输入 0，进行降序排名。

3）单击"确定"按钮，结束设置，采用自动填充功能完成其他的成绩排名。学生成绩排名结果如图 3-31 所示。

	A	B	C	D	E	F	G	H	I	J	K
1					学生成绩统计表						
2	序号	学号	姓名	性别	高等数学	大学英语I	大学体育	计算机应用基础	C语言基础	总成绩	排名
3	001	20200001	陈霞	女	87	87	83	79	75	411	8
4	002	20200002	武海	男	89	86	83	80	77	415	7
5	003	20200003	刘繁	女	80	89	86	88	79	422	5
6	004	20200004	袁锦辉	男	70	78	86	94	88	416	6
7	005	20200005	贺华	男	74	80	86	92	98	430	3
8	006	20200006	钟兵	男	95	56	81	74	67	373	10
9	007	20200007	丁芬	女	90	84	78	72	66	390	9
10	008	20200008	林锦	女	88	90	79	94	87	438	2
11	009	20200009	林熙然	男	78	76	65	72	70	361	11
12	010	20200010	任华	男	86	70	54	87	60	357	12
13	011	20200011	何山	男	92	89	86	83	80	430	3
14	012	20200012	陈静	女	85	88	91	94	97	455	1
15			总计	平均分	84.5	81.08333333	79.83333333	84.08333333	78.66666667	408.1666667	
16				最高分	95	90	91	94	98	455	
17				最低分	70	56	54	72	60	357	

图 3-31　学生成绩排名结果

4）保留两位小数。选中 E15:J17 单元格区域，右击，在弹出的快捷菜单中选择"设置单元格格式"选项，打开"设置单元格格式"对话框。在"分类"列表框中选择"数值"选项，设置"小数位数"为"2"，如图 3-32 所示，然后单击"确定"按钮。

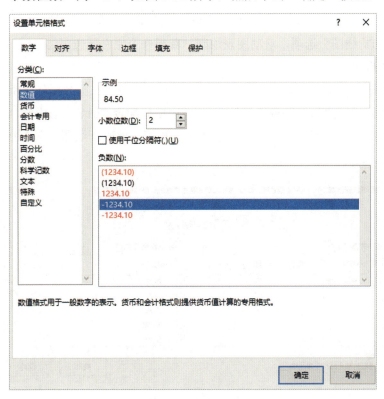

图 3-32　设置小数位数

2. 制作各科成绩的统计分析图表

对学生成绩统计表进行处理，建立数据图表。其效果图如图3-33所示。

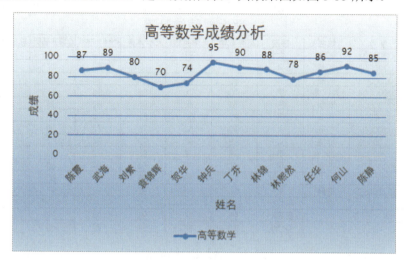

图3-33　学生成绩统计表的图表效果图

（1）创建空白图表

打开学生成绩统计表，选中任意空白单元格区域，单击"插入"→"图表"→"折线图"下拉按钮，在弹出的下拉列表中选择"二维折线图"→"带数据标记的折线图"选项，启动图表绘制，获得一个空白图表。

微课：图表制作

（2）制作折线图

单击空白图表，单击"图表工具-设计"→"数据"→"选择数据"按钮，打开"选择数据源"对话框，单击"数据区域选择"按钮，使用鼠标配合Ctrl键，选中C1:C13和E1:E13单元格区域，如图3-34所示，然后单击"确定"按钮，此时折线图如图3-35所示。

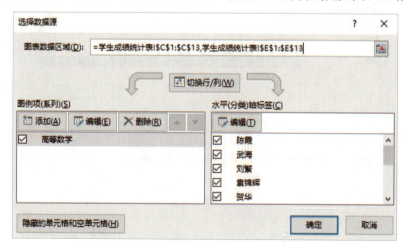

图3-34　选择数据源

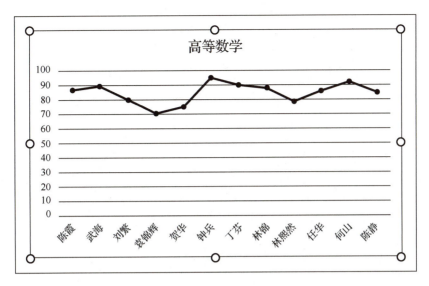

图 3-35　高等数学折线图

（3）设计图表

在折线图空白区域处单击，单击"图表工具-设计"→"图表布局"→"快速布局"下拉按钮，弹出的下拉列表如图 3-36 所示，下面分别完成图表标题、坐标轴标题、图例、数据标签等的设置。

图 3-36　折线图布局

1）设置图表标题。单击"图表工具-设计"→"图表布局"→"添加图表元素"下拉按钮，在弹出的下拉列表中选择"图表标题"→"图表上方"选项，在折线图中图表标题的位置单击，进入图表标题的编辑状态，将标题改为"高等数学成绩分析"，如图 3-37 所示。

2）设置坐标轴标题。单击"图表工具-设计"→"图表布局"→"添加图表元素"下拉按钮，在弹出的下拉列表中选择"坐标轴标题"→"主要横坐标轴标题"→"坐标轴下方标题"选项，然后单击横坐标轴标题，进入其编辑状态，将标题修改为"姓名"；选择"坐标轴标题"→"主要纵坐标轴标题"→"竖排标题"选项，单击纵坐标轴标题，进入其编辑状态，将标题修改为"成绩"，如图 3-38 所示。

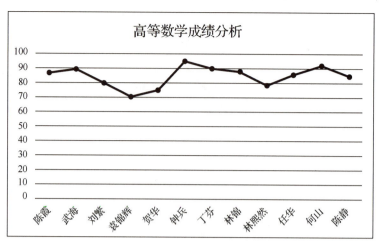

图 3-37　添加标题

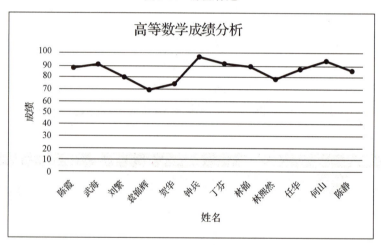

图 3-38　设置坐标轴标题

3）设置图例。单击"图表工具-设计"→"图表布局"→"添加图表元素"下拉按钮，在弹出的下拉列表中选择"图例"→"右侧"选项，如图 3-39 所示。

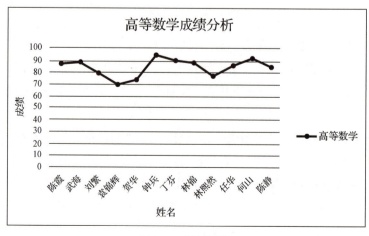

图 3-39　设置图例

4）设置数据标签。在上方显示数据标签，如图 3-40 所示。单击"图表工具-设计"→"图表布局"→"添加图表元素"下拉按钮，在弹出的下拉列表中选择"数据标签"→"上方"选项即可。

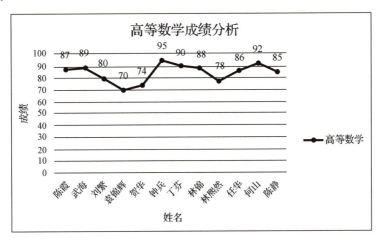

图 3-40　在上方显示数据标签

（4）格式化图表

单击图表，将鼠标指针移动至图表边界尺寸控制点上，当鼠标指针变成双向箭头时，拖动图表区域边界线，调整图表的大小。

单击图表，在"图表工具-格式"→"当前所选内容"选项组中，通过选择下拉列表中的"图表区"选项，对图表对象进行格式设置，如图 3-41 所示。

图 3-41　选择"图表区"选项

3. 绘制总成绩图表

要求对学生成绩统计表进行处理，绘制总成绩柱状图，效果如图 3-42 示。

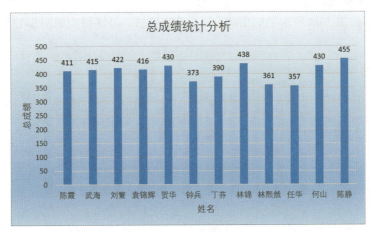

图 3-42　总成绩柱状图

（1）插入空白图表

先在空白单元格区域处单击，再单击"插入"→"图表"→"柱形图"下拉按钮，在弹出的下拉列表中选择"二维簇状柱形图"选项，启动图表绘制，获得一个空白图表。

（2）选择数据

选中空白图表，单击"图表工具-设计"→"数据"→"选择数据"按钮，打开"选择数据源"对话框，单击"数据区域选择"按钮 ，使用鼠标配合 Ctrl 键，选中 C1:C13 和 E1:E13 单元格区域，然后单击"确定"按钮，其效果如图 3-43 所示。

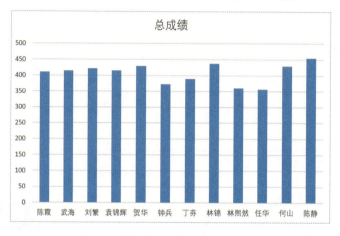

图 3-43　柱形图

（3）设置图表布局

对图表标题、坐标轴标题和数据标签进行设置，具体设置如下。

1）设置图表标题：将图表标题设置为"总成绩统计分析"。

2）设置坐标轴标题：选择"坐标轴标题"→"主要横坐标轴标题"→"坐标轴下方标题"选项，然后单击横坐标轴标题，进入其编辑状态，将标题修改为"姓名"；选择"坐标轴标题"→"主要纵坐标轴标题"→"竖排标题"选项，然后单击纵坐标轴标题，进入其编辑状态，将标题修改为"总成绩"。

3）设置数据标签：在上方显示数据标签。

至此，得到如图 3-44 所示的效果图，修改图表样式，最终得到如图 3-42 所示的效果图。

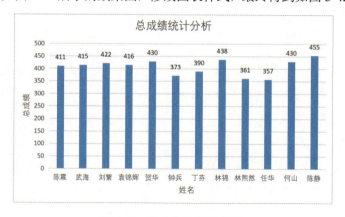

图 3-44　总成绩数据效果图

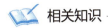相关知识

1. 函数

在 Excel 中，函数实际上是一个预先定义的特定计算公式。按照这个特定的计算公式对一个或多个参数进行计算，并得出一个或多个计算结果，称为函数值。使用这些函数不仅可以完成许多复杂的计算，还可以简化公式的繁杂程度。

Excel 函数一共有 11 类，分别是数据库函数、日期与时间函数、工程函数、财务函数、信息函数、逻辑函数、查询和引用函数、数学和三角函数、统计函数、文本函数及用户自定义函数。

生活中的常用函数使用举例如下。

（1）大小写格式转换函数

利用 PROPER()函数可以将单词的首字母转换成大写，将其余字母转换成小写。例如，将 A1 单元格中的内容"i am a student"在单元格 B1 转变为"I Am A Student"，则公式为 B1= PROPER(A1)。

（2）单元格字符串合并函数

利用 CONCAT()函数可以将不同的单元格内容进行连接。例如，将 A1 单元格中的内容"我"，B1 单元格中的内容"爱"，C1 单元格中的内容"中国"，在 D1 单元格中合并为"我爱中国"，则公式为 D1= CONCAT(A1,B1,C1)。

（3）四舍五入取整数

利用 ROUND()函数可以将小数点后的数进行四舍五入取整。例如，A1 单元格中的值为 36.8，在 B1 单元格中对 A1 单元格中的值取整，则公式为 B1=ROUND(A1,0)，其结果为 37。

（4）对手机号码进行脱敏处理

利用 REPLACE()函数可以将 A1 单元格中的电话号码 12345678900 在 B1 单元格中进行脱敏处理，结果为 123****8900，则公式为 B1=REPLACE(A1,4,4,"****")。

（5）利用身份证号码获取出生年月日

在 A1 单元格中显示某人的身份证号为 1110211898100800011，要在 B2 单元格中显示其出生年月日，则使用公式 B2=TEXT(MID(A1,7,8),"0-00-00")，就能获取出生年月日为 1898-10-08。

2. 单元格引用

所谓单元格引用，就是使用单元格地址来访问单元格中的数据，如 A1、C7 等。在 Excel 中，单元格引用有 3 类，分别是相对引用、绝对引用和混合引用，在公式和函数的使用过程中，这 3 种引用的意义不同。

1）相对引用。相对引用指用列号和行号直接表示的地址。在复制公式或自动填充过程中，相对引用地址会随着公式位置的变化而变化。例如，在 C2 单元格中应用公式"=A2+B2"，当把公式复制到 C1 单元格中时，公式变为"=A1+B1"。

2）绝对引用。绝对引用需要使用绝对地址符号"$"，即在列号和行号前都加上符号"$"，如$A$1。在复制公式或自动填充过程中，绝对引用地址不会随着公式位置的变化而变化。例如，在 C1 单元格中使用公式"=$A$1+$B$1"，当把公式复制到 C2 单元格中时，公式仍为"=$A$1+$B$1"。

3）混合引用。混合引用是将相对引用和绝对引用结合起来，行和列一个用相对引用，一个用绝对引用，兼具两者的特点，如$A1、B$3。

 任务拓展

利用常用函数对产品销售表进行统计。

任务 *3.3* 处理学生成绩数据

☞ 任务描述

本任务主要介绍在 Excel 2016 中如何进行数据处理，以及根据需求对学生成绩进行数据筛选、数据透视表的创建等操作。图 3-45 和图 3-46 分别为学生成绩统计表的筛选结果和数据透视表效果图。

序号	学号	姓名	性别	高等数学	大学英语I	大学体育	计算机应用基础	C语言基础
004	20200004	袁锦辉	男	70	78	86	94	88
005	20200005	贺华	男	74	80	86	92	98
008	20200008	林锦	女	88	90	79	94	87
011	20200011	何山	男	92	89	86	83	80
012	20200012	陈静	女	85	88	91	94	97

图 3-45 学生成绩统计表筛选结果示例

行标签	平均值项:高等数学	平均值项:大学英语I	平均值项:计算机应用基础	平均值项:C语言基础	平均值项:大学体育
⊟陈静	85	88	94	97	91
女	85	88	94	97	91
⊟陈履	87	87	79	75	83
女	87	87	79	75	83
⊟丁芬	90	84	72	66	78
女	90	84	72	66	78
⊟何山	92	89	83	80	86
男	92	89	83	80	86
⊟贺华	74	80	92	98	86
男	74	80	92	98	86
⊟林锦	88	90	94	87	79
女	88	90	94	87	79
⊟林熙然	78	76	72	70	65
男	78	76	72	70	65
⊟刘繁	80	89	88	79	86
女	80	89	88	79	86
⊟任华	86	70	87	60	54
男	86	70	87	60	54
⊟武海	89	86	80	77	83
男	89	86	80	77	83
⊟袁锦辉	70	78	94	88	86
男	70	78	94	88	86
⊟钟兵	95	56	74	67	81
男	95	56	74	67	81
总计	84.5	81.08333333	84.08333333	78.66666667	79.83333333

图 3-46 学生成绩统计表的数据透视表效果图

☞ 任务目标

1. 利用 Excel 2016 软件进行筛选操作，将需要的数据筛选出来。

2. 能创建数据透视表（图 3-46）并进行相应的设置。

3. 培养一丝不苟的工作态度和深入思考、善于钻研的学习精神。

任务实施

1. 筛选

1）双击打开"学生成绩统计表.xlsx"工作簿。

微课：数据处理

2）筛选"C语言基础"成绩超过 80 分（含 80 分）的学生。选中"C 语言基础"列标题，单击"开始"→"编辑"→"排序和筛选"下拉按钮，在弹出的下拉列表中选择"筛选"选项，如图 3-47 所示，则工作表的列标题的右侧出现了一个"筛选"按钮。单击"C 语言基础"列标题右侧的"筛选"按钮，在弹出的下拉列表中取消复选框的全选状态，然后选中大于等于 80 的复选框，如图 3-48 所示。或单击"C 语言基础"列标题右侧的"筛选"按钮，在弹出的下拉列表中取消复选框的全选状态，然后选择"数据筛选"→"大于或等于"选项，如图 3-49 所示。在打开的"自定义自动筛选方式"对话框中输入"80"，如图 3-50 所示，然后单击"确定"按钮。

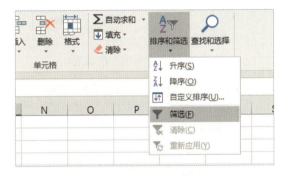

图 3-47　选择"筛选"选项

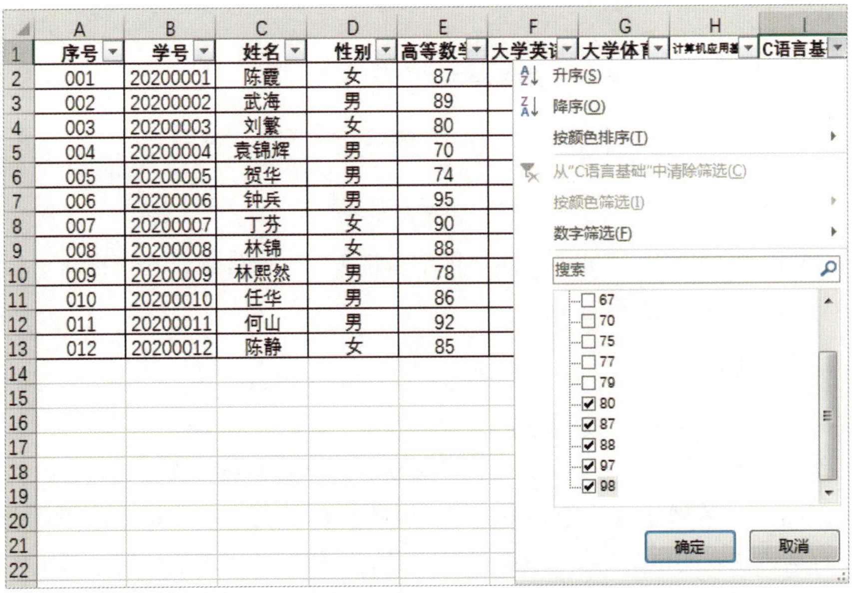

图 3-48　筛选成绩

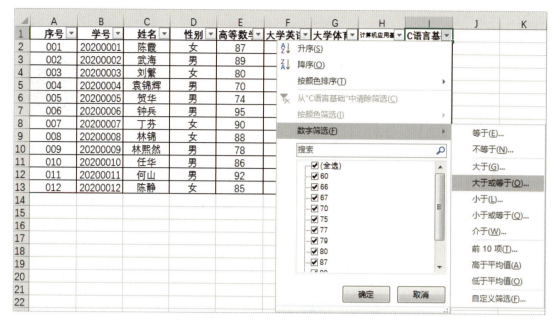

图 3-49　"数字筛选"级联菜单

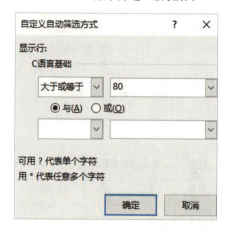

图 3-50　设置自定义筛选

提示： 单击"开始"→"编辑"→"排序和筛选"下拉按钮，在弹出的下拉列表中选择"筛选"选项，即可取消筛选状态。

2. 创建数据透视表

1）双击打开"学生成绩统计表.xlsx"工作簿。

2）创建数据透视表。单击"插入"→"表格"→"数据透视表"按钮，打开"创建数据透视表"对话框。在"选择一个表或区域"中的"表/区域"文本框中选择总成绩表，在"选择放置数据透视表的位置"选项组中可以选择放置数据透视表的位置是新工作表还是现有工作表，如图 3-51 所示。完成以上设置后，单击"确定"按钮即可。

图 3-51　创建数据透视表

此时自动创建了一个新工作表，将数据透视表字段列表中的"姓名""性别"字段拖到"行标签"区域，将"高等数学""大学英语Ⅰ"等课程名拖到"数值"区域，单击"高等数学""大学英语Ⅰ"等课程名，在弹出的下拉列表中选择"值字段设置"选项，打开"值字段设置"对话框。在"值汇总方式"选项卡中的"选择用于汇总所选字段数据的计算类型"列表框中选择"平均值"类型，如图 3-52 所示，然后单击"确定"按钮。

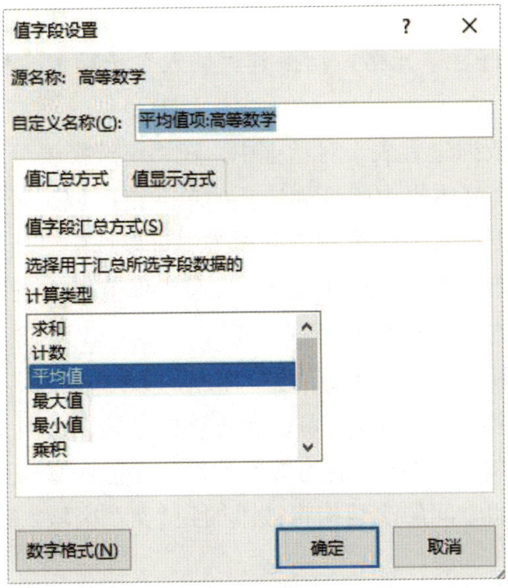

图 3-52　设置值字段

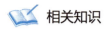 **相关知识**

1. 自动筛选

Excel 软件中的自动筛选是一种强大的工具，它可以帮助用户快速地从大量数据中筛选出符合特定条件的数据，从而便于分析和查看。自动筛选通常用于简单的条件筛选，通过将不满足条件的数据暂时隐藏，只显示符合特定条件的数据。以下是使用自动筛选的步骤。

1）单击工作表中的任意单元格，切换到"数据"选项卡，在"排序和筛选"选项组中单击"筛选"按钮，每个列标题的右侧将显示"筛选"按钮。

2）设置筛选条件：单击想要筛选的列标题上的"筛选"按钮，在弹出的下拉列表中，可以选择一些预设的筛选条件，如"等于""不等于""大于""小于"等；也可以直接在下拉列表中输入特定的值进行筛选。

3）应用筛选条件：选择好筛选条件后，单击"确定"按钮，Excel 会根据设置的条件筛选出符合条件的数据，并将不满足条件的数据隐藏起来。

4）清除筛选条件：如果要取消筛选，可以再次单击列标题上的"筛选"按钮，然后在弹出的下拉列表中选择"清除筛选"选项，或者直接在菜单栏的"数据"选项卡中选择"清除筛选"选项。

2. 数据透视表

数据透视表是一种交互式报表，可以对数据进行快速筛选、分类、计算和汇总，并展示数据的内在关系和变化趋势。

（1）创建数据透视表

1）单击工作表中的任意单元格，切换到"插入"选项卡，然后单击"数据透视表"按钮。

2）在打开的"创建数据透视表"对话框中，在"请选择要分析的数据"→"选择一个表或区域"→"表/区域"文本框中验证你选择的单元格区域是否正确。

3）在"选择放置数据透视表的位置"选项组中可以选中"新工作表"单选按钮，数据透视表将会被放置在一个新的工作表中；或者选中"现有工作表"单选按钮，然后在弹出的列表中选择希望显示数据透视表的位置。

4）单击"确定"按钮，Excel 便会创建一个新的数据透视表。

5）在"数据透视表字段"窗格中，可以通过选中字段名称复选框来向数据透视表中添加字段。请注意，所选字段将根据它们的类型被自动添加到默认的区域：非数字字段将被添加到"行"区域，日期和时间层次结构将被添加到"列"区域，数值字段将被添加到"值"区域。

6）如果想要将某个字段从一个区域移动到另一个区域，则直接拖动该字段到目标区域即可。

（2）利用数据透视表生成数据透视图

在 Excel 中，将数据透视表转换为数据透视图的主要步骤如下。

1）确保已经创建了数据透视表。如果还没有创建数据透视表，则需要选中需要制作数据表的所有数据，然后单击"插入"→"数据透视表"按钮，在打开的对话框中选择透视表数据区域和生成位置，然后单击"确定"即可。

2）在创建好的数据透视表中，先单击任意单元格，再单击"数据透视表工具-分析"→"工具"→"数据透视图"按钮，打开"插入图表"对话框，在左侧列表中选择图表类型，如选择"二维簇状柱形图"，然后单击"确定"按钮。

3）如果不显示学生的性别，则在右侧的"数据透视图字段"窗格中，取消选中"性别"复选框。

4）关闭"数据透视图字段"窗格后，可以看到透视图和透视表已经创建完成。此时可以根据需要调整透视表的大小和位置，以便更好地查看和分析数据。

3. 高级筛选

在不同列之间同时筛选时，只能是"与"关系。对于其他条件的筛选条件，要按照以下步骤进行操作。

1）设置条件区域。条件区域和数据区域中间必须有一行以上的空行隔开。在表格与数据区域空两行的位置处输入高级筛选的条件。

2）选择"数据"选项卡，在"排序和筛选"选项组中单击"高级"按钮。

3）在打开的"高级筛选"对话框中，选中"将筛选结果复制到其他位置"单选按钮。

4）在"列表区域"文本框中选择需要筛选的数据范围，在"条件区域"文本框中选择筛选条件，在"复制到"文本框中选择筛选结果存放的位置。

5）选中"选择不重复的记录"复选框，以避免重复记录的出现。

6）单击"确定"按钮，完成高级筛选操作。

需要注意的是，在使用高级筛选时，要确保条件区域和数据区域之间有一行以上的空行隔开，以免影响筛选结果。另外，如果需要将筛选结果复制到其他位置，则需要在"复制到"文本框中选择正确的单元格范围。

 任务拓展

利用排序、筛选、数据透视表功能对公司销售表进行数据的统计与分析。

任务 3.4 学生成绩表的统计分析

☞ **任务描述**

　　在 Excel 中，经常会需要从某些工作表中查询有关的数据并将其复制到另一个工作表中。例如，需要把学生的考试成绩从不同的工作表中复制到一个新的工作表中，有时并不能直接复制、粘贴。此时，如果使用 Excel 的 VLOOKUP() 函数就可以使这个问题变得非常简单。

☞ **任务目标**

1. 能利用 IF() 函数统计学生的成绩等级。
2. 能利用 COUNTIF() 函数统计男、女生人数。
3. 能利用 VLOOKUP() 函数查找学生信息。
4. 培养数据意识、计算思维和逻辑思维。

任务实施

1. 利用 IF() 函数统计等级

　　学生的等级依照总成绩的高低来进行判断，当学生的总成绩大于等于 400 分时，等级为"优秀"，否则等级为"良好"。

　　1）选中 K3 单元格，单击"公式"→"函数库"→"最近使用的函数"下拉按钮，在弹出的下拉列表中选择"IF"函数，如图 3-53 所示。

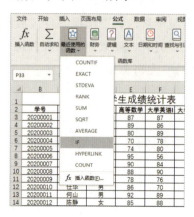

图 3-53　选择"IF"函数

微课：常用函数及应用

2）打开 IF() 函数的"函数参数"对话框，其中参数的含义如下。

Logical_test：表示判断的条件，此时需要把条件转换成逻辑表达式的形式。

Value_if_true：当判断条件成立时（表达式的值为真），单元格返回的值。

Value_if_false：当判断条件不成立时（表达式的值为假），单元格返回的值。

本任务中，在"Logical_test"文本框中输入"J3>=400"（总成绩大于等于 400 分），在"Value_if_true"文本框中输入"优秀"，在"Value_if_false"文本框中输入"良好"，如图 3-54 所示，然后单击"确定"按钮。

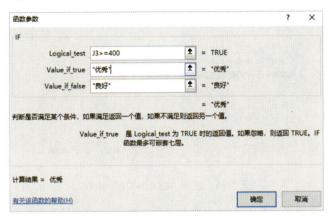

图 3-54　设置 IF() 函数的参数

3）选中 K3 单元格，使用自动填充功能计算其他学生的等级，如图 3-55 所示。

学号	姓名	性别	高等数学	大学英语I	大学体育	计算机应用基础	C语言基础	总成绩	等级
				学生成绩统计表					
20200001	陈霞	女	87	87	83	79	75	411	优秀
20200002	武海	男	89	86	83	80	77	415	优秀
20200003	刘繁	女	80	89	86	88	79	422	优秀
20200004	袁锦辉	男	70	78	86	94	88	416	优秀
20200005	贺华	男	74	80	86	92	98	430	优秀
20200006	钟兵	男	95	56	81	74	67	373	良好
20200007	丁芬	女	90	84	78	72	66	390	良好
20200008	林锦	女	88	90	79	94	87	438	优秀
20200009	林熙然	男	78	76	65	72	70	361	良好
20200010	任华	男	86	70	54	87	60	357	良好
20200011	何山	男	92	89	86	83	80	430	优秀
20200012	陈静	女	85	88	91	94	97	455	优秀

图 3-55　使用自动填充功能计算其他学生的等级

2. 利用 COUNTIF() 函数统计男、女生人数

1）选中 N3 单元格，单击"公式"→"函数库"→"插入函数"按钮。

2）在打开的"插入函数"对话框中，选择"COUNTIF"函数（或在"搜索函数"文本框中进行检索），如图 3-56 所示，然后单击"确定"按钮。

图 3-56　选择"COUNTIF"函数

3）在打开的"函数参数"对话框中输入参数。Range 参数是指统计的区域，这里选择班级学生的性别列 D3:D14；Criteria 参数是指统计的条件，这里输入"男"（即需要统计男生的人数），如图 3-57 所示，然后单击"确定"按钮，则 N3 单元格中显示男生的人数为 7。

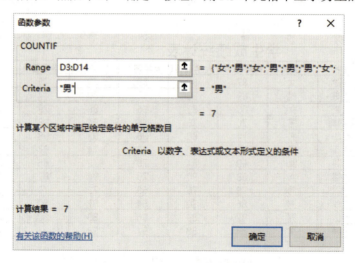

图 3-57　统计男生人数的函数参数设置

4）使用同样的操作方法，选中 N4 单元格，利用 COUNTIF()函数统计女生的人数。

3.　利用 VLOOKUP()函数查找学生信息

在工作簿中插入一个工作表"查询信息"，制作一个简单的学生成绩查询系统，如图 3-58 所示，当输入学生的学号时，会自动查询学生的姓名、各科成绩、总成绩和等级等信息。

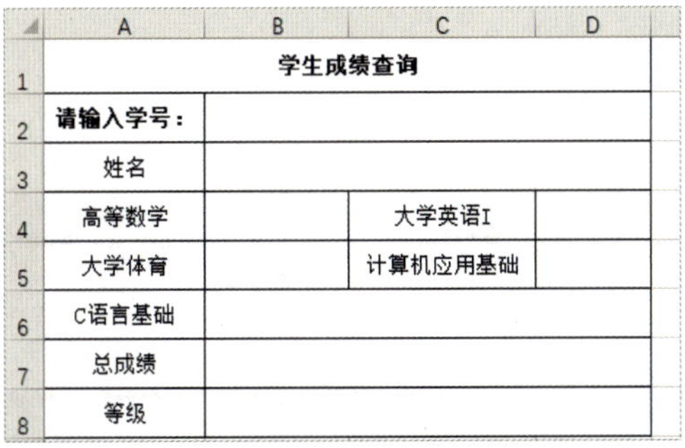

图 3-58 学生成绩查询系统界面

在数据的处理和分析中，经常需要在数据表中查询满足特定条件的数据，并将对应的其他字段信息提取出来。在 Excel 中，可以使用查询函数构建公式，很方便地完成此类操作。Excel 软件中较为常用的查询函数为 VLOOKUP()函数。

1）插入一个工作表并将其命名为"查询信息"，设计学生成绩查询系统界面，如图 3-58 所示。

2）选中 B3 单元格（姓名所在的单元格），单击"公式"→"函数库"→"插入函数"按钮，在打开的"插入函数"对话框中选择"VLOOKUP"函数，单击"确定"按钮，打开"函数参数"对话框，如图 3-59 所示。

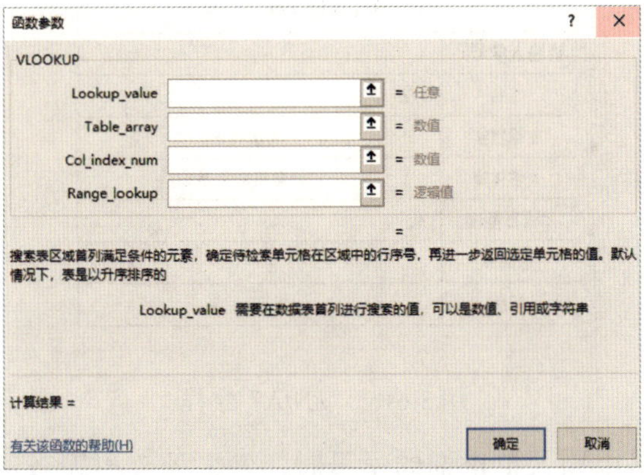

图 3-59 "函数参数"对话框

在"函数参数"对话框中，VLOOKUP()函数的各参数说明如下。

Lookup_value：表示需要在数据表首列中进行检索的值。本任务中是根据输入的学号进行检索的，因此选中查询信息工作表中的 B2 单元格。

Table_array：表示检索的数据表区域。本任务中需要检索的数据表为总成绩表中的学生成绩(注意,在选择数据表时,使学号列成为首列),因此选中总成绩表工作表中的 B2:K14 单元格区域。

Col_index_num：表示当检索到匹配的数据时，需要返回数据表中的第几列值。本任务中需要返回学生的姓名（姓名在数据表中为第 2 列），因此在文本框中输入"2"。

Range_lookup：逻辑值，表示检索的方式为精确匹配还是大致匹配。本任务中为精确匹配，因此输入"false"。

具体设置如图 3-60 所示。

图 3-60　设置 VLOOKUP()函数参数

3）单击"确定"按钮，在姓名处出现"#N/A"字样。#N/A 为错误值，表示未找到对应的信息。在本任务中，由于还未输入需要查找的学号，所以出现"#N/A"字样，如图 3-61 所示。

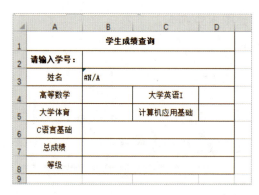

图 3-61　"#N/A"字样

4）当在 B2 单元格中输入拟查询的学号时，姓名处会出现查询到的姓名，如图 3-62 所示。

图 3-62　输入学号显示姓名

5）按照上述步骤，分别用 VLOOKUP()函数查询该学生的高等数学、大学英语Ⅰ、大学体育等的成绩与等级。

 相关知识

1. 使用函数向导输入函数

在 Excel 中使用函数向导输入函数的步骤如下。

1）选中需要应用函数的单元格，切换到"公式"选项卡，单击"插入函数"按钮，打开"插入函数"对话框。

2）在"插入函数"对话框中，选中相应的函数类别，如"统计"。

3）在函数类别中，进一步双击选中的函数名称，这时会打开"函数参数"对话框。

4）在"函数参数"对话框中，通过拖动或输入的方式输入函数参数。

5）输入完成后，单击"确定"按钮返回，这时计算结果就会正确显示出来。

2. 使用"自动求和"按钮输入函数

选择要参与运算的单元格区域，切换到"公式"选项卡，单击"自动求和"下拉按钮，在弹出的下拉列表中包含了求和、平均值、计数、最大值和最小值 5 种常见的函数，选择需要的函数即可。

3. 常见函数

Excel 2016 提供了 13 大类 400 多个函数。其中，常见的函数如表 3-1 所示。

表 3-1　常见的函数

类别	名称	说明
数学与统计函数	SUM	基本语法是"=SUM(number1,[number2],...)"。其中，number1 是必需的参数，表示要相加的第一个数字或单元格引用，这个数字可以是单个数字、单元格引用或单元格范围；number2～number255 是可选参数，表示要相加的第 2～255 个数字或单元格引用
	AVERAGE	基本语法是"=AVERAGE(数值区域)"。其中，"数值区域"应替换为要计算平均值的单元格范围或单元格引用。例如，如果要计算 A1～A20 单元格的平均值，则应输入"=AVERAGE(A1:A20)"
	COUNT	基本语法是"=COUNT(计算区域)"。用于计算给定数据区域中非空单元格的个数
	MAX	基本语法是"=MAX(number1, [number2], ...)"，返回一组数据中的最大值
	MIN	基本语法是"=MIN(number1, [number2], ...)"，返回一组数据中的最小值
	COUNTIF	基本语法是"=COUNTIF(range, criteria)"。其中，range 表示要统计的单元格范围，可以是单个单元格，也可以是多个单元格组成的区域；criteria 表示要满足的条件，可以是一个具体的值、一个表达式或一个文本字符串
	SUMIF	基本语法是"SUMIF(range, criteria, [sum_range])"。其中，range 参数表示要进行条件判断的范围；criteria 参数表示要进行判断的条件，它可以是数值、文本、逻辑值，也可以是区域或表达式；sum_range 参数表示要进行求和的范围，即需要进行求和的区域。如果省略了 sum_range 参数，那么 SUMIF()函数默认将 range 参数作为求和范围

续表

类别	名称	说明
逻辑函数	IF	基本语法是"=IF(条件, 返回值 1, 返回值 2)"。在这个语法中，"条件"是一个逻辑表达式，可以是等于、大于、小于、大于等于、小于等于等比较运算符的组合。当这个条件为真（即满足）时，IF()函数会返回"返回值 1"；当这个条件为假（即不满足）时，IF()函数会返回"返回值 2"
文本函数	LEN	基本语法是"LEN(text)"。其中 text 是必需的参数，表示要查找长度的文本
	LEFT	基本语法是"LEFT(text, num_chars)"。其中，text 表示要提取字符的文本字符串；num_chars 表示要提取的字符数
	MID	基本语法是"MID(text, start_num, num_chars)"。其中，text 表示准备从中提取字符串的文本字符串；start_num 表示开始提取的位置（基于 1 的索引，即第一个字符的位置为 1）；num_chars 表示要提取的字符数
	RIGHT	基本语法是"RIGHT(text, num_chars)"。其中，text 表示要提取字符的文本字符串；num_chars 表示要从右侧提取的字符数

4. 定义名称

在 Excel 中定义名称的方法有以下 3 种。

图 3-63　命名单元格区域

1）使用公式栏左侧的名称框进行定义。

2）选中需要命名的单元格或单元格区域，单击"公式"→"定义的名称"→"定义名称"按钮，在打开的"新建名称"对话框中输入名称"成绩"，设置"范围"为"工作簿"，如图 3-63 所示，然后单击"确定"按钮。

3）选中需要命名的单元格或单元格区域，按 Ctrl+F3 组合键，在打开的"新建名称"对话框中定义名称。

5. 使用名称

定义名称后，可以在单元格引用有效的任何地方使用名称。例如，可以把名称作为函数的参数，如 VLOOKUP (B2,成绩,2,FALSE)表示查询名称为"成绩"的单元格区域。

在大型的工作簿或复杂的工作表中，名称还起到导航的作用。在工作簿中如果要选择一个已命名的名称，则可以单击名称框的下拉按钮，在弹出的名称下拉列表中选择需要的名称。

任务拓展

利用统计和查找函数对饮料店的销售情况进行分析。

项 目

演示文稿制作

项目导读

  PowerPoint 2016 是微软公司的演示文稿软件。用户可以在投影仪或计算机上进行演示，也可以将演示文稿打印出来，以便应用到更广泛的领域中。利用 PowerPoint 2016 不仅可以创建演示文稿，还可以在互联网上召开面对面会议、远程会议或在网上给观众展示演示文稿。

学习目标

知识目标

- 掌握演示文稿的创建、打开、保存、退出等基本操作方法。
- 掌握幻灯片的创建、复制、删除、移动等基本操作方法。
- 掌握在幻灯片中插入各类对象（如文本框、图形、图片、表格、音频、视频等）的方法。
- 理解幻灯片母版的概念，掌握幻灯片母版、备注母版的编辑及应用方法。
- 掌握幻灯片切换动画、对象动画的设置方法，以及超链接、动作按钮的应用方法。
- 掌握将幻灯片导出为不同格式的方法。

能力目标

- 能熟练地制作、放映演示文稿。
- 能使用不同的视图方式浏览演示文稿。
- 能在幻灯片中插入文本框、图形、图片、表格、音频、视频等对象。
- 能使用幻灯片母版，并对幻灯片进行备注。
- 能对幻灯片设置切换动画，并设置对象动画、超链接、动作按钮。

素养目标

- 培养积极、自信、自强的生活态度，勇于表达和展示自我。
- 传承和弘扬乐于探索、实事求是、勇于创新的科学精神。

任务 4.1 制作自我介绍演示文稿

☞ **任务描述**

  大一刚开学，老师为了让同学们互相认识，拟召开第一次班会，要求全班所有同学在班会时播放自我介绍演示文稿，演示文稿内容包括个人基本信息、技能特长、自我评价和未来目标等，内容清晰明了，可适当添加动画。张小明在认真思考后，结合 PowerPoint 2016 制作幻灯片的方法与步骤，完成了该任务，效果如图 4-1 所示。

☞ **任务目标**

1. 掌握演示文稿的创建、打开、保存、放映等方法。
2. 掌握在幻灯片中插入各类对象的方法。
3. 能在幻灯片中设置切换动画、对象动画。
4. 自信自强，实事求是，勇于表达和展示真实自我。

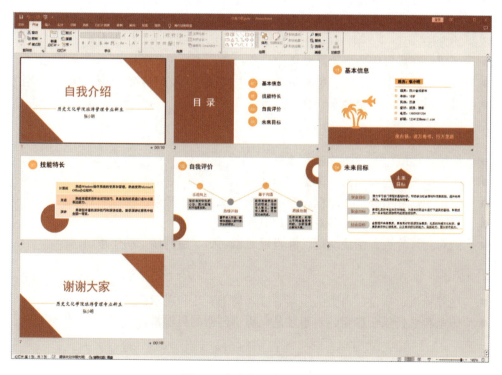

图 4-1 自我介绍演示文稿

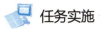

任务实施

1. 新建演示文稿

（1）新建空白演示文稿

选择"开始"→"PowerPoint 2016"选项，启动 PowerPoint 2016，在打开的界面中选择"空白演示文稿"选项，完成新建。

（2）文件命名及保存

选择"文件"→"保存"选项，在打开的"另存为"界面中选择"浏览"选项，然后在打开的"另存为"对话框中选择文件保存路径，在"文件名"文本框中输入"自我介绍"。单击"保存"按钮，将自我介绍的初稿进行存盘。

2. 制作标题页幻灯片

1）选择"插入"→"插图"→"形状"→"基本形状"→"直角三角形"选项，然后在幻灯片中绘制直角三角形；选中插入的形状，单击"绘图工具-格式"→"形状样式"→"形状填充"下拉按钮，在弹出的下拉列表中选择"橙色，个性色 2，深色 25%"选项，在"形状轮廓"下拉列表中选择"无轮廓"选项；在"大小"选项组将"形状高度"和"形状宽度"均设置为"10 厘米"，如图 4-2 所示。

图 4-2　设置形状格式

2）将设置好的三角形移至幻灯片左下角。选中三角形状，复制并粘贴，选中复制后的三角形状，选择"绘图工具-格式"→"排列"→"旋转"→"垂直翻转"和"水平翻转"选项，如图 4-3 所示，将其拖至幻灯片右上角。

3）选择"插入"→"形状"→"线条"→"直线"选项，在幻灯片中部绘制一条直线；选中直线，选择"绘图工具-格式"→"形状轮廓"→"标准色橙色"选项，再选择"粗细"→"0.75磅"选项；右击直线，在弹出的快捷菜单中选择"置于底层"→"置于底层"选项，如图 4-4 所示。

图 4-3　"旋转"下拉列表

4）单击"单击此处添加标题"占位符，在光标处输入文字"自我介绍"，选中文字，在"开始"选项卡的"字体"选项组中单击"字体"下拉按钮，在弹出的下拉列表中设置字体为"黑体"，然后设置字号为"80"。

5）单击"单击此处添加副标题"占位符，在光标处输入文字"历史文化学院旅游管理专业新生"，并将文字设置为楷体、32 号；单击副标题占位符，选择"绘图工具-格式"→"形状样式"→"形状填充"→"白色"选项，如图 4-5 所示；拖动标题、副标题占位符的左右下边框，使其分别向右、左、上方移动至文字边缘。

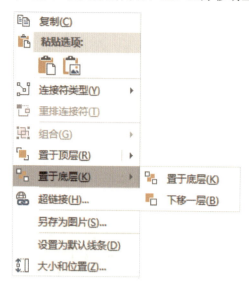

图 4-4 "置于底层"级联菜单

图 4-5 "形状填充"下拉列表

6）选择"插入"→"文本框"→"横排文本框"选项，在副标题下方插入文本框，在文本框中输入文字"张小明"，将文字设置为幼圆、24 号。

7）分别选中主标题和副标题占位符，拖动主标题将其移至幻灯片中上部，将副标题移至直线处。

8）借助 Shift 键选中各文本框，将其水平居中对齐。

至此，标题页幻灯片制作完成，效果如图 4-6 所示。

微课：文本框插入与设置

图 4-6 标题页幻灯片

3. 制作目录页幻灯片

1）选择"开始"→"幻灯片"→"新建幻灯片"→"空白"选项。

2）插入矩形形状，然后将其高度、宽度分别设置为 19 厘米和 14 厘米，设置形状填充为标准色橙色，无形状轮廓，将其拖至幻灯片左侧；右击形状，在弹出的快捷菜单中选择"编辑文字"选项，输入文字"目录"，将文字设置为白色、黑体、60 号，文字中间空一个字符。

3）插入椭圆形状，按住 Shift 键绘制正圆形（或绘制后将椭圆形的高度、宽度均设置为 2.2 厘米），设置形状填充为标准色橙色；右击形状，在弹出的快捷菜单中选择"编辑文字"选项，输入"01"，将文字设置为白色、黑体、24 号；再复制、粘贴 3 个同样的形状，将序号分别改为"02""03""04"；将 01、04 形状分别拖至幻灯片的中上部和中下部，选中 4 个形状，选择"绘图工具-格式"→"绘图"→"排列"→"对齐"→"左对齐"选项，再选择"绘图工具-格式"→"绘图"→"排列"→"对齐"→"纵向分布"选项，使其排列整齐、分布均匀。

4）分别在序号形状后插入文本框，并分别输入自我介绍内容小标题"基本信息""技能特长""自我评价""未来目标"，然后设置字体为黑体、32 号。输入后按照上一步骤的方法对齐文字内容。

至此，目录页幻灯片制作完成，效果如图 4-7 所示。

图 4-7　目录页幻灯片

4. 制作基本信息页幻灯片

1）在目录页后插入含有标题占位符的幻灯片，单击"单击此处添加标题"占位符，在光标处输入文字"基本信息"，并设置字体为标准色橙色、黑体、40 号。

2）将标题占位符向右移动 2 厘米，在占位符左侧插入正圆形，设置圆形直径为 2.1 厘米、标准色橙色填充，并在圆形中输入文字"01"，然后设置字体为白色、黑体、24 号。

3）按 Ctrl+C 组合键复制此幻灯片，按 Ctrl+V 组合键粘贴 3 张幻灯片，并分别将 3 张幻灯片标题内容按照基本信息页的格式改为"02 技能特长""03 自我评价""04 未来目标"。

4）在基本信息页幻灯片中，单击"插入"→"图片"按钮，在打开的"插入图片"对话框中选择图片，然后单击"插入"按钮，完成图片的插入。将图片高度、宽度分别调整为 7 厘米，并移动至幻灯片左侧。

5）在图片右上方插入文本框，输入文字"姓名：张小明"，并设置字体为黑色、黑体、加粗、20 号；单击文本框，设置形状填充为标准色橙色。

6）在姓名文本框下方插入文本框，分别输入籍贯、年龄、民族、爱好、电话、邮箱等信息，每输入完一种信息后按 Enter 键换行直至最后的邮箱信息输入完成；设置字体为黑色、黑体、20 号、1.5 倍行距；全选文字，右击，在弹出的快捷菜单中选择"项目符号"中的加粗空心方形项目符号，如图 4-8 所示。

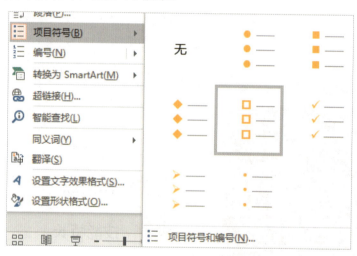

图 4-8　"项目符号"级联菜单

7）选择"插入"→"形状"→"直线"选项，在姓名文本框和其他信息文本框之间插入一条直线，设置颜色为标准色橙色、粗细为 1 磅、宽度为 13 厘米。

8）选择"插入"→"形状"→"矩形"选项，设置宽度为与幻灯片同宽，高度为 3.9 厘米，形状填充为"橙色，个性色 2，深色 25%"，形状轮廓为无。

9）选择"插入"→"艺术字"→"填充-白色，轮廓-着色 2，清晰阴影-着色 2"选项，如图 4-9 所示；在"请在此放置您的文字"文本框中输入"座右铭：读万卷书，行万里路"，选中文字，将字体设置为黑体、44 号。

图 4-9　"艺术字"下拉列表

至此，基本信息页幻灯片制作完成，效果如图 4-10 所示。

图 4-10　基本信息页幻灯片

5. 制作技能特长页幻灯片

1）在技能特长页幻灯片中，单击"插入"→"表格"→"表格"下拉按钮，在弹出的下拉列表中选择"2×3 表格"，如图 4-11 所示。选中表格，选择"表格工具-设计"→"表格样式"→"中度样式 2-强调 4"表格样式，如图 4-12 所示，也可以自行设置底纹颜色；选择"开始"→"段落"→"对齐文本"→"中部对齐"选项，如图 4-13 所示；调整表格高度和宽度分别为 8 厘米和 25 厘米。

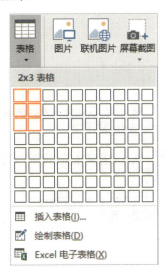

图 4-11　插入表格

图 4-12　选择表格样式

图 4-13　选择"中部对齐"选项

2）在表格中分别输入特长内容文字，并设置字体为黑色、黑体、20 号；设置段落为首行缩进 0.75 厘米，行距为单倍行距；向左拖动表格纵向分隔线，使两列文字均能清晰显示。

3）选择"插入"→"插图"→"形状"→"基本形状"→"饼形"选项，插入饼形，并设置高度和宽度均为 6 厘米，设置形状填充为"橙色，个性色 2，深度 25%"，形状轮廓为无；将形状移动至表格左下角。

至此，技能特长页幻灯片制作完成，效果如图 4-14 所示。

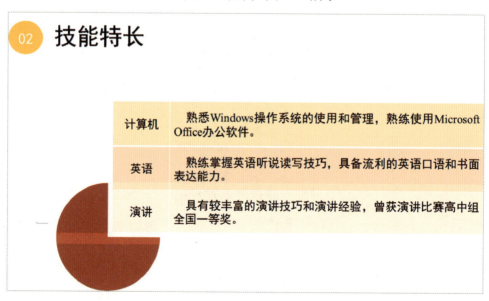

图 4-14　技能特长页幻灯片

6. 制作自我评价页幻灯片

1）在自我评价页幻灯片中，选择"插入"→"插图"→"形状"→"空心弧"选项，插入空心弧，设置形状填充为"橙色，个性色 2，深色 25%"，形状轮廓为无，形状高度、宽度均为 6 厘米；复制、粘贴此形状；选择"绘图工具-格式"→"排列"→"旋转"→"向右旋转 90 度"选项，并拖动至幻灯片左下角；选中另一个复制的形状，使用类似的方法向左旋转 90°，并拖动至幻灯片右上角。

2）插入 4 个圆形形状，形状高度、宽度均设置为 2 厘米，其中两个形状填充标准色橙色，另外两个形状填充灰色，分别移动这 4 个圆形使其错落地分布在幻灯片上方；插入 3 条直线，将圆形相连，并将其设置为"置于底层"，形状填充为标准色橙色。

3）插入 4 个文本框，分别输入"乐观向上""热情开朗""善于沟通""思维创新"，并设置字体为"橙色，个性色 2，深色 25%"黑体、24 号，将文本框移动至圆形下方；再插入 4 个文本框，分别输入相应的自我评价文字，字体为黑色、黑体、18 号，文本框形状填充颜色为"灰色-50%，个性色 3，淡色 60%，透明度 5%"，形状轮廓为无轮廓。

至此，自我评价页幻灯片制作完成，效果如图 4-15 所示。

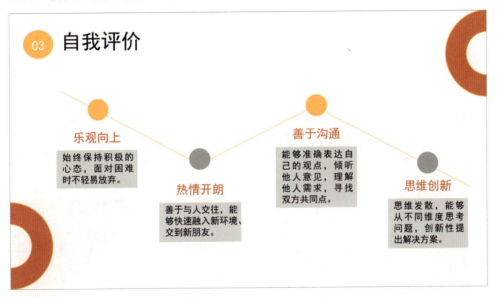

图 4-15　自我评价页幻灯片

7. 制作未来目标页幻灯片

1）在未来目标页幻灯片中，插入圆角矩形，并将高、宽分别设置为 11.7 厘米和 28.6 厘米，将形状轮廓设置为"橙色，个性色 2，深色 25%"。

2）插入正五边形，并设置高度为 5 厘米、宽度为 5.5 厘米，在正五边形中输入文字"未来目标"（黑体、32 号），并设置"置于顶层"。

3）插入 3 个灰色形状，并分别输入文字"学业目标""职业目标""综合目标"，设置字体为"橙色，个性色 2，深色 25%"、黑体、34 号；在 3 个灰色形状后各插入 1 个文本框，分别输入目标内容，并设置字体均为黑体、18 号。

4）在目标内容文本框之间分别插入 1 条直线，并设置形状填充为标准色橙色，形状宽度为 22.5 厘米。

至此，未来目标页幻灯片制作完成，如图 4-16 所示。

图 4-16　未来目标页幻灯片

8. 制作结束页幻灯片

1）在标题页幻灯片中，按 Ctrl+C 组合键复制此幻灯片，单击未来目标页幻灯片，按 Ctrl+V 组合键粘贴，此时标题页幻灯片粘贴于未来目标页幻灯片之后。

2）将最后一页的标题文字"自我介绍"更改为"谢谢大家"，则结束页幻灯片制作完成，如图 4-17 所示。

图 4-17　结束页幻灯片

9. 设置幻灯片切换动画

1）在标题页幻灯片中，选择"切换"→"切换到此幻灯片"→"擦除"效果，在"效果选项"下拉列表中选择"自右侧"选项，设置持续时间为 2 秒，换片方式为"设置自动换片时间"，并将时间设置为 10 秒，如图 4-18 所示。

微课：动画设置

图 4-18　设置切换动画

2）使用类似的方法将目录页幻灯片等余下的 6 张幻灯片的切换效果分别设置为"淡出""随机线条""形状""分割""推进""页面卷曲"，将持续时间均设置为 1.5 秒，将换片方式均设置为"单击鼠标时"。

10. 设置对象动画

1）单击目录页幻灯片中的"基本信息"文字或其文本框，选择"动画"→"擦除"效果，选择"效果选项"→"自底部"方向，设置持续时间为 0.5 秒，"单击时"开始，如图 4-19 所示。接下来按照目录内容顺序，分别设置"技能特长""自我评价""未来目标"文本的动画效果。

图 4-19　设置对象动画

2）选中基本信息页幻灯片中的图片，选择"动画"→"添加动画"→"动画路径"→"形状"选项，并将持续时间设置为 2 秒，如图 4-20 所示。

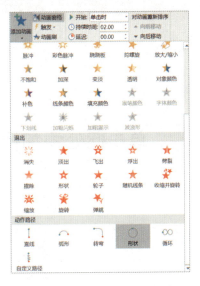

图 4-20　选择"形状"选项

3）选中技能特长页幻灯片中的饼形，选择"动画"→"添加动画"→"退出"→"擦除"效果。

4）选中自我评价页幻灯片中的"乐观向上"内容文本框，选择"动画"→"添加动画"→"进入"→"擦除"效果；使用同样的方法分别设计余下 3 个文本框的动画。

5）使用类似的方法为其他幻灯片页面的其他文本或图片等设计动画，则本演示文稿制作完成。

6）单击"视图"→"演示文稿视图"→"幻灯片浏览"按钮，如图 4-21 所示，浏览整个演示文稿。

11. 播放演示文稿

1）单击"幻灯片放映"→"开始放映幻灯片"→"从头开始"按钮，如图 4-22 所示，开始放映幻灯片。

图 4-21 "幻灯片浏览"按钮　　　　　图 4-22 "从头开始"按钮

2）播放时单击或按 Enter 键，可切换至下一页幻灯片。

相关知识

1. PowerPoint 2016 简介

PowerPoint 2016 的工作界面与 Word、Excel 类似，但也有区别于 Word、Excel 的独有的功能，如图 4-23 所示。下面对这部分内容进行简要介绍。

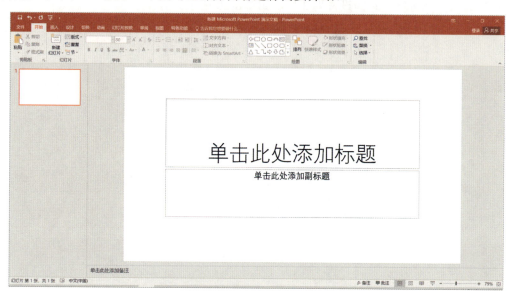

图 4-23 PowerPoint 2016 工作界面

（1）工作界面窗格

工作界面窗格有幻灯片窗格、大纲窗格和备注窗格。其中，幻灯片窗格位于工作界面的右侧，是制作、编辑、查看幻灯片及其效果的主窗格；左侧为大纲窗格，用于插入、复制、删除、移动幻灯片；下方为备注窗格，用于为幻灯片添加备注，以提示演讲者。

（2）视图切换

通过单击工作界面下方的"普通视图"按钮▣、"幻灯片浏览"按钮▦、"阅读视图"按钮▥、"幻灯片放映"按钮▽，可以切换不同的视图。

1）普通视图是 PowerPoint 2016 创建演示文稿的默认视图，在普通视图的左侧显示幻灯片的缩略图，右侧上部分显示当前幻灯片，右侧下部分显示备注信息。

在普通视图中，可以逐张编辑幻灯片。

2）在幻灯片浏览视图中，制作者可以从整体上浏览演示文稿中的所有幻灯片，调整主题和背景，复制、移动、删除幻灯片等。在此视图中，多张幻灯片并排显示。本项目中任务描述部分的效果图就是幻灯片浏览视图所呈现的效果。

3）在阅读视图中，可以在 PowerPoint 窗口中播放幻灯片，可以浏览和阅读演示文稿，还可以查看幻灯片切片效果和对象动画效果。阅读视图与幻灯片放映视图的最大区别为阅读视图不需要全屏。在阅读视图中，幻灯片只会占满 PowerPoint 窗口，而不会侵占屏幕的其他位置，在既要阅读幻灯片同时又要浏览其他窗口时，阅读视图比较适用。

4）幻灯片放映视图用于按照预先设计，全屏播放幻灯片。

2. 管理幻灯片

（1）选中、移动幻灯片

在普通视图中单击左侧窗格中的幻灯片图片即为选中该幻灯片，选中后上下拖动幻灯片即可实现幻灯片的移动，拖动时释放鼠标左键的位置即为幻灯片移动后的目标位置。

（2）插入幻灯片

选中一张幻灯片，按 Enter 键，可在其后插入幻灯片；或单击"开始"→"插入幻灯片"按钮，也可以插入幻灯片。

（3）复制幻灯片

选中幻灯片，通过右键快捷菜单复制、粘贴；或者在浏览视图中，按住 Ctrl 键的同时拖动幻灯片，即可复制幻灯片。

（4）删除幻灯片

选中要删除的幻灯片，按 Delete 键，或通过右键快捷菜单删除。

3. 插入对象

除能在幻灯片中插入文本框、表格、图片、图形外，还可以插入图表、SmartArt 图形、音频、视频。

（1）插入图表

单击"插入"→"插图"→"图表"按钮，在打开的"插入图表"对话框中选择图表类型，在自动启动的 Excel 表格中输入数据，幻灯片中的图表则会根据数据自动调整。数据输入完毕后，关闭 Excel 即可。

（2）插入 SmartArt 图形

单击"插入"→"插图"→"SmartArt"按钮，在打开的"插入 SmartArt 图形"对话框中选择 SmartArt 图形，在对应图形中输入文字，并可以在"设计"选项卡中对 SmartArt 图形的颜色、样式等进行修改。

（3）插入音频

选择"插入"→"媒体"→"音频"→"PC 上的音频"选项，在打开的"插入音频"对话框中选择所需插入的音频即可。

（4）插入视频

选择"插入"→"媒体"→"视频"→"PC 上的视频"选项，在打开的"插入视频文件"对话框中选择所需插入的视频即可。插入完成后，选中幻灯片中的视频文件，可在"格式"选项卡中对视频的大小、画面、样式进行设置，并可对视频进行剪辑。

 任务拓展

老师拟召开竞聘班干部的班会，要求竞聘者在班会时播放竞聘演示文稿，演示文稿内容包括个人基本情况介绍、成绩与奖励、职位认知、竞聘优势等，内容清晰明了，可适当添加动画。请根据任务要求制作竞聘演示文稿。

任务 4.2 制作毕业论文答辩演示文稿

☞ 任务描述

大学最后一个学期，学院拟召开毕业论文答辩会，要求所有毕业生在答辩会上阐述论文的背景、意义、研究对象、研究方法、研究结果与发现、研究不足与展望等内容，并用演示文稿演示，每位学生的阐述时间不超过 10 分钟。张小明在认真梳理毕业论文内容后，结合 PowerPoint 2016 制作幻灯片的方法与步骤，完成了该任务，效果如图 4-24 所示。

☞ 任务目标

1. 掌握幻灯片主题的设置方法。
2. 掌握幻灯片母版的编辑及应用方法。
3. 能在幻灯片中设置超链接及动作按钮。
4. 培养乐于探索、勇于创新的科学精神。

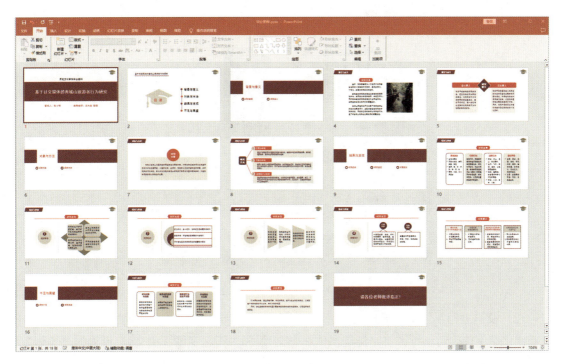

图 4-24　毕业论文答辩演示文稿

任务实施

1. 新建演示文稿

启动 PowerPoint 2016，新建文件名为"毕业答辩"的演示文稿。

2. 设置演示文稿主题

1）设置主题颜色。单击"设计"→"变体"→"其他"按钮，弹出的下拉列表如图 4-25 所示。选择"颜色"→"橙红色"选项，接着选择"颜色"→"自定义颜色"选项，打开"新建主题颜色"对话框。将"文字/背景-深色 1"和"着色 1"更改为"深红，个性色 2，深色 25%"；将"名称"设置为"毕业答辩主题"，如图 4-26 所示，然后单击"保存"按钮。

微课：主题设置

图 4-25　"变体"下拉列表

图 4-26　自定义主题颜色

2）设置主题字体及效果样式。选择图 4-25 中的"字体"→"自定义字体"选项，打开"新建主题字体"对话框。将"标题字体（中文）"和"正文字体（中文）"设置为"黑体"，如图 4-27 所示，然后单击"保存"按钮；选择图 4-25 中的"效果"→"Office"选项；选择图 4-25 中的"背景样式"→"样式 1"样式。

图 4-27　自定义主题字体

3. 设置幻灯片母版

1）打开幻灯片母版。在"视图"选项卡中单击"母版视图"→"幻灯片母版"按钮，如图 4-28 所示。

微课：母版设置

图 4-28　"幻灯片母版"按钮

2）插入图片。单击左侧缩略图窗格中最上方的主母版，单击"插入"→"插图"→"图片"按钮，在打开的"插入图片"对话框中选择要插入的学位帽图片；插入图片后，将图片移动至母版右上方。这样，本演示文稿中的每一页幻灯片中均有此图片，如图 4-29 所示。

图 4-29 在幻灯片母版中插入图片

3）设置标题页幻灯片版式。单击左侧窗口中的标题页幻灯片版式，插入矩形形状，形状宽度与幻灯片同宽，高度为 6.9 厘米，并置于底层；设置标题文字颜色为白色，设置副标题文字颜色为"红色 192、绿色 0、蓝色 0"；将标题占位符移动至形状中部；将副标题占位符移动至形状下方，如图 4-30 所示。

图 4-30 标题页幻灯片的版式

4）设置转场页幻灯片版式。单击"幻灯片母版"→"编辑母版"→"插入版式"按钮，插入版式，并右击，在弹出的快捷菜单中选择"重命名版式"选项，将版式命名为"转场页"后保存；插入与幻灯片同宽、高度为 4.7 厘米的矩形形状，垂直位置为距离左上角 4.5 厘米；插入同心圆形状，形状的高、宽均为 1.03 厘米；选择"幻灯片母版"→"母版版式"→"插入占位符"→"文本"选项，将文本占位符移动至同心圆右侧，并设置字号为 20；复制、粘贴两组形状与占位符组合，将其对齐排列于标题下方；在矩形形状左侧插入占位符，占位符与矩形高度一致，宽度为 7.5 厘米，水平位置距离左上角 4.6 厘米，并填充为白色，置于顶层，字号为 32。转场页幻灯片版式如图 4-31 所示。

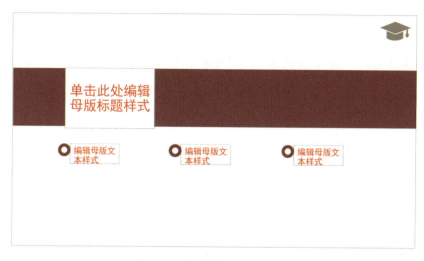

图 4-31　转场页幻灯片的版式

5）设置内容页幻灯片的版式。在新版式中单击"单击此处编辑母版标题样式"占位符并选中，按 Delete 键删除；插入平行四边形，并设置高度、宽度分别为 1.2 厘米、7.4 厘米，水平位置为距离左上角-0.55 厘米，垂直位置为 0.8 厘米；在平行四边形中输入文字"背景与意义"，字体为加粗，字号为 20，如图 4-32 所示；在左侧缩略图窗格右击此版式，在弹出的快捷菜单中选择"重命名版式"选项，将版式命名为"背景与意义"。复制该版式 3 次，将复制后的版式分别命名为"对象与方法"、"结果与发现"和"不足与展望"，并将版式左上角的小标题分别改为相应的内容。

图 4-32　内容页幻灯片版式

6）幻灯片母版编辑完成后，单击"关闭母版视图"按钮，返回幻灯片编辑页面。

4. 编辑幻灯片内容

1）按照任务 4.1 中所学的知识，将毕业论文答辩的标题、内容目录等文字内容输入幻灯片标题页和目录页，如图 4-33 所示。

图 4-33　标题页及目录页内容

2）新建一张幻灯片，选择"开始"→"幻灯片"→"版式"→"转场页"版式，在"单击此处添加标题"占位符中输入"背景与意义"，在"编辑母版文本样式"占位符中分别输入"研究背景""研究意义"，如图 4-34 所示。

图 4-34　背景与意义转场页幻灯片

3）新建幻灯片，选择"开始"→"幻灯片"→"版式"→"背景与意义页"版式，通过插入图片、形状、文本框及输入文字等方法，制作研究背景内容页幻灯片，设置字体为16 号，行距为 1.3 倍；使用同样的方法制作研究意义内容页幻灯片，如图 4-35 所示。

图 4-35　研究背景与研究意义内容页幻灯片

4）重复上述的步骤2）和3），制作"对象与方法"、"结果与发现"和"不足与展望"等相关内容；使用相似的方法制作致谢页幻灯片中的内容。

5. 设置超链接

选中目录页幻灯片中的"背景与意义"，右击，在弹出的快捷菜单中选择"超链接"选项，在打开的"插入超链接"对话框中设置"链接到"为"本文档中的位置"，并选择"3. 背景与意义"，将本目录内容链接至第三张幻灯片，如图4-36所示，然后单击"确定"按钮即可。在幻灯片播放时，单击目录页幻灯片中的"背景与意义"超链接，则幻灯片跳转至第三张幻灯片。在研究意义页幻灯片右下角插入形状左箭头，并右击形状，在弹出的快捷菜单中选择"超链接"选项，在打开的"插入超链接"对话框中设置"链接到"为"本文档中的位置"，将其链接到第二张幻灯片即目录页幻灯片，则播放时单击此箭头即可跳转至目录页幻灯片。使用类似的方法设置余下3部分内容的超链接。

图4-36　设置超链接

6. 添加备注

1）添加标题页幻灯片中的备注。将需要在答辩开场时阐述即提示的内容输入标题页幻灯片的备注窗格中，如图4-37所示。

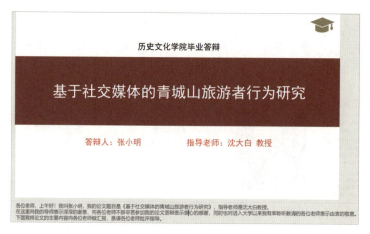

图4-37　添加备注

2）将其他页面需要备注、提示、特别注意的内容文字输入相应的备注窗格中，即可完成备注的添加。

7. 设置演示者视图

1）选中"幻灯片放映"→"监视器"→"使用演示者视图"复选框，如图 4-38 所示。

图 4-38　选中"使用演示者视图"复选框

2）播放时，右击幻灯片，在弹出的快捷菜单中选择"显示演示者视图"选项，演示者看到的界面如图 4-39 所示。

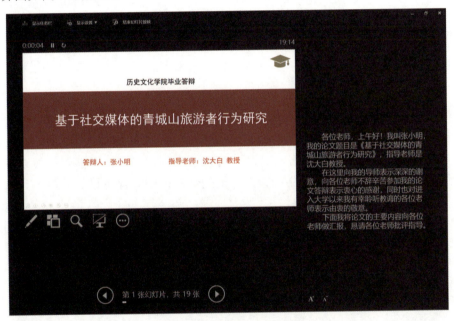

图 4-39　演示者看到的界面

8. 排练计时

单击"幻灯片放映"→"设置"→"排练计时"按钮，如图 4-40 所示，会在页面左上方显示已进行的时间。按照老师要求，本次答辩阐述时间不超过 10 分钟，小明需要注意提前排练，将时间控制在 10 分钟之内。

图 4-40　"排练计时"按钮

9. 设置讲义母版及备注母版

1）单击"视图"→"母版视图"→"讲义母版"按钮，在打开的"讲义母版"选项卡中选择"页面设置"→"每页幻灯片数量"→"6 张幻灯片"选项，然后设置"讲义方向"为"纵向"，并选中"占位符"选项组中的"页眉""页脚""日期""页码"复选框，如图 4-41 所示。设置完成后单击"关闭母版视图"按钮。

2）单击"视图"→"母版视图"→"备注母版"按钮，在打开的"备注母版"选项卡中将"备注页方向"设置为"纵向"，然后选中"页眉""页脚"等复选框，如图 4-42 所示。

图 4-41　"讲义母版"选项卡　　　　　图 4-42　"备注母版"选项卡

 **相关知识**

1. 幻灯片母版

1）什么是幻灯片母版？每一页幻灯片都会用到版式，即幻灯片排版的样式，包括字体、占位符大小或位置、背景设计和配色方案。版式提前设计好后，用户只需根据需要在幻灯片相应版式内输入内容即可。而母版，就是用来设计和修改版式的，它可以让幻灯片的设计风格统一，在制作同类型幻灯片时，可以节省制作时间，提高制作效率。当进入母版视图后，窗口左侧缩略图窗格中最上方的幻灯片是幻灯片主母版，位于其下方的是布局母版，即版式。

2）什么时候用到母版？制作幻灯片时，最好在开始创建各张幻灯片之前编辑幻灯片母版和版式，这样，添加的所有幻灯片都会基于母版的设计。如果在创建各张幻灯片之后编辑幻灯片母版或版式，则需要在普通视图中将更改的布局重新应用到演示文稿中的现有幻灯片中。

3）设计主母版。主母版的主要目的是固定风格，统一元素。若要使每张幻灯片的背景颜色统一，则需要对主母版相关元素进行设置。单击左侧缩略图窗格中最上方的主母版，即可进行背景、字体、图标或 logo 的统一设置。设置后，主母版和各布局母版的背景、图标、文字字体和颜色均变为与主母版一致。

4）设置版式。单击左侧窗格中要编辑的版式，即可对该版式进行调整。例如，单击左侧的"比较版式"，单击文本处或选中文本对字体进行调整。在不同的版式中添加元素，主母版不受影响，同时版式与版式之间也不受影响。

2. 超链接

在幻灯片中插入超链接时，可以链接到网站，也可以链接到文档。

1）链接到网站的设置方法：①直接在幻灯片中输入要链接的网页地址后按 Enter 键；②选择要进行超链接的文本、形状或图片，在打开的"插入超链接"对话框中选择"现有文件或网页"选项,并在"地址"文本框中输入网页地址即可。

2)链接到文档中的某个位置、新文档或电子邮件地址的设置方法:选择要进行超链接的文本、形状或图片,在打开的"插入超链接"对话框中选择"本文档中的位置"选项(其为链接到演示文稿中的特定幻灯片,"新建文档"选项为从演示文稿链接到另一个演示文稿,"电子邮件地址"选项为链接显示的电子邮件地址,以打开用户的电子邮件程序),输入要显示的文本、屏幕提示及要链接到的位置,然后单击"确定"按钮。

3. 导出格式

演示文稿可以导出为不同格式的文件,以便分享。

 任务拓展

一年工作结束,部门拟召开年度工作总结会,要求所有员工在总结会上总结年度工作成绩,包括任务完成情况、取得的成绩、不足与反思、下一年度计划等,并使用演示文稿演示,每位员工的阐述时间不超过 8 分钟。

项目 5

数字媒体应用

▌项目导读

数字媒体是指以二进制数的形式记录、处理、传播、获取过程的信息载体，包括数字化的文字、图形、图像、声音、视频影像和动画等感觉媒体及其表示媒体等（统称逻辑媒体），以及存储、传输、显示逻辑媒体的实物媒体。理解数字媒体的概念，掌握数字媒体技术是现代信息传播的通用技能之一。本项目将介绍数字媒体基础知识、数字文本、数字图像、数字声音、数字视频、HTML5 应用制作和发布等内容。

▌学习目标

知识目标

- 了解数字文本处理的技术过程，掌握文本准备、文本编辑、文本处理、文本存储和传输、文本展现等操作方法。
- 了解数字图像处理的技术过程，掌握对数字图像进行去噪、增强、复制、分割、提取特征、压缩、存储、检索等操作方法。
- 了解数字声音的特点，熟悉处理、存储和传输声音的数字化过程，掌握通过应用程序进行声音录制、剪辑与发布等的操作方法。
- 了解数字视频的特点，熟悉数字视频处理的技术过程，掌握通过应用程序进行视频制作、剪辑与发布等的操作方法。
- 了解 HTML5 应用的新特性，掌握 HTML5 应用的制作和发布方法。

能力目标

- 能对文本进行数字化处理。
- 能利用图像处理软件对图像进行剪裁、美化、压缩等数字化处理。
- 能利用音视频软件对声音、视频等进行录制、剪辑与发布。
- 能利用 HTML5 进行网页设计与制作。

素养目标

- 培养数字化审美意识，提高数字化艺术鉴赏水平。
- 树立数字版权意识、数字创新意识，增强文化自信与民族自豪感。
- 培养精益求精的编码态度，提升数字设计美感。

任务 *5.1* 制作一寸蓝底证件照

☞ **任务描述**

在工作和生活中，经常会提交各种证件照来证明身份，利用 Photshop 等软件灵活制作各种证件照能有效提升办事效率。

本任务要求制作如图 5-1 所示的一寸蓝底证件照。

图 5-1　一寸蓝底证件照

☞ **任务目标**

1. 掌握新建和保存 Photoshop 图片的方法。
2. 掌握更换图片背景颜色、调整图片大小的方法。
3. 能利用 Photoshop 软件对图片进行简单修饰。
4. 培养数字化审美意识，提高数字化艺术鉴赏水平。

💻 **任务实施**

1. 打开证件照原始图片

打开 Photoshop 软件，选择"文件"→"打开"选项，在打开的对话框中选择证件照原始图片并打开，如图 5-2 所示。

微课：证件照制作

图 5-2　打开证件照图片

2. 更换背景颜色

1）在左侧工具箱中选择快速选择工具，如图 5-3 所示。

图 5-3　选择快速选择工具

2）利用快速选择工具单击证件照片人像背景的灰色部分，直到灰色部分被完全选中，如图 5-4 所示。

图 5-4　选中证件照中的灰色部分

3）选择菜单栏中的"编辑"→"填充"选项，在打开的"拾色器（填充颜色）"对话框中选择颜色，并设置 RGB 值为 0、191、243，更换背景色为蓝色，如图 5-5 所示，然后单击"确定"按钮。按 Ctrl+D 组合键取消选区。

图 5-5　更换背景色为蓝色

3. 调整证件照图片的大小

1）选择菜单栏中的"图像"→"图像大小"选项。

2）在打开的"图像大小"对话框中，首先去掉宽高比约束，然后设置宽度为 2.5 厘米、高度为 3.5 厘米、分辨率为 300，如图 5-6 所示。

图 5-6　设置宽度、高度和分辨率

4. 保存证件照

选择"文件"→"存储副本"选项，在打开的"存储副本"对话框中，将证件照的类型设置为 JPEG 格式，如图 5-7 所示，然后单击"保存"按钮即可。

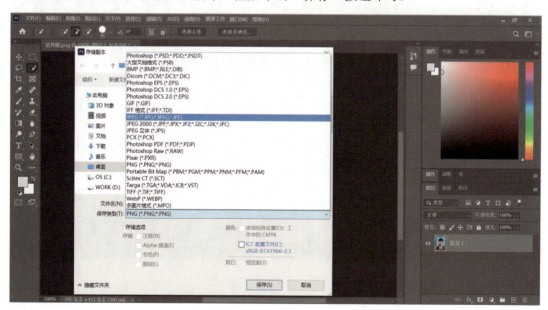

图 5-7　保存证件照

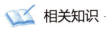

相关知识

1. 数字图片格式

数字图像格式指的是数字图像存储文件的格式。不同文件格式的数字图像，其压缩方式、存储容量及色彩表现不同，在使用中也有所差异。常见的数字图像格式有 JPEG、PNG、GIF、BMP、TIFF、PSD 等格式，如表 5-1 所示。

微课：常见图像格式

表 5-1　常见的数字图像格式

格式	描述	优点	缺点
JPG/JPEG	最常用的图片格式	能将图片压缩至很小的存储空间，对色彩信息的保留较好，适用于互联网传播	有损压缩，会降低图片的质量
PNG	透明背景图片格式	支持高级别无损压缩，支持透明背景	对旧浏览器和软件兼容性较差
GIF	表情包常用格式	支持动态和静态展示，图片存储空间小，加载速度快，支持透明背景	有损压缩，会降低图片的质量
BMP	Windows 操作系统图片格式	无损压缩，图像画质优秀	占用存储空间大
TIFF	打印文档常用图片格式	保存丰富的图像层次和细节，画面质量无损	占用存储空间大
PSD	Photoshop 源文件格式	保留透明底、图层、路径、通道等源文件信息	需要用 Photoshop 软件打开，占用空间大
WebP	Google 支持图像格式	在质量相同的情况下，WebP 格式图像的体积要比 JPEG 格式图像的体积小 40%	WebP 格式图像的编码时间比 JPEG 格式图像的编码时间长 8 倍

2. 常见的证件照规格

（1）证件照背景

生活中，在不同的场景下，都要求提交证件照。常见的证件照背景包括蓝色、白色和红色。蓝色背景（蓝色数值为 R0、G191、B243 或 C67、M2、Y0、K0）的证件照用于毕业证、工作证、简历等；白色背景的证件照用于护照、签证、驾驶证、二代身份证、黑白证件、医保卡、港澳通行证等；红色背景（红色数值为 R255、G0、B0 或 C0、M99、Y100、K0）的证件照用于保险、IC 卡、暂住证、结婚照。

（2）证件照大小

一寸：25 毫米×35 毫米，主要用于学生证、工作证、教师资格证、公务员证件等各类情形。

两寸：35 毫米×53 毫米，主要用于港澳通行证、护照等各类情形。

任务拓展

制作一张两寸大小的蓝色背景证件照。

任务 **5.2** 制作宣传视频

☞ **任务描述**

数字技术的普及与发展，为大家提供了一个充分展示自我的平台，掌握数字音视频的编辑方法，能够制作出简易的、风格各异的视频宣传片。本任务要求制作如图 5-8 所示的城市宣传视频，内容包括视频模板下载、素材替换、字幕设置、音视频编辑等。

☞ **任务目标**

1. 掌握新建和保存剪映视频的方法。
2. 能录制和编辑音频、视频。
3. 能下载剪映视频模板、搜索和替换素材，并进行效果设置。
4. 树立数字版权意识、数字创新意识，增强文化自信和民族自豪感。

图 5-8　宣传视频

任务实施

1. 打开剪映软件

1）双击打开剪映视频软件。

2）单击"开始创作"按钮，如图 5-9 所示。

微课：音视频剪辑

图 5-9　打开剪映软件

2. 下载视频宣传模板

1）选择模板。选择剪映软件左上侧的"我的模板"选项，如图 5-10 所示。

图 5-10　选择模板

2）搜索模板。根据视频主题的需要，将检索关键词设置为"城市宣传片"，设置"片段数量"为6～10，"模板时长"为0～15秒，如图5-11所示。

图5-11　设置模板搜索参数

3）下载模板。在检索结果中选择需要的视频模板，单击"下载"按钮进行下载，如图5-12所示。

图5-12　下载视频模板

4）单击"使用模板"按钮，模板会出现在下方的轨道中，如图5-13所示。

图 5-13　将视频模板拖入下方轨道中

3. 更换视频宣传素材

1）选择轨道中的素材。选择 8 个素材待替换（数字 8 根据模板的数量决定），再使用前期准备的成都景点素材图片进行替换，如图 5-14 所示。

图 5-14　更换素材图片

2）同理更换其他素材图片。

3）变更字幕。选中轨道中的模板，在右上侧文本区域进行文字设置，如图 5-15 所示。

图 5-15   变更字幕

4）重选封面。选中轨道中的封面，进入封面编辑区后，单击"重选封面"→"本地"按钮，在打开的对话框中选择提前准备的图片素材，如图 5-16 所示。

图 5-16   重选封面

4. 为视频配音

1）单击轨道区域左侧的声音，将视频模板中原有的声音关闭，如图 5-17 所示。

图 5-17　关闭原声

2）搜索关于成都的歌曲。单击左上侧的"音频"按钮，在搜索框中输入"成都"，选择"成都（Cover 赵雷）"1 分钟音乐进行下载，如图 5-18 所示。

图 5-18　下载成都歌曲

3）导入歌曲并剪辑。选择下载歌曲，直接将其拖入视频下方的轨道中，单击"分割"按钮，比视频长的部分（图 5-19）直接被删除。

图 5-19　删掉多余的音频

5. 导出宣传视频

视频制作完成后，单击"导出"按钮，在打开的"导出"对话框中设置"分辨率"为"720P"，"格式"为"mp4"，如图 5-20 所示，然后单击"导出"按钮，即可完成宣传视频的制作。

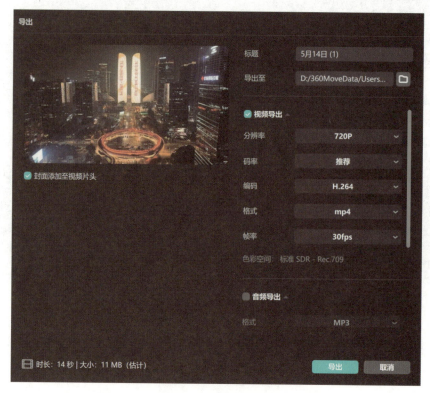

图 5-20　导出宣传视频

相关知识

1. 音频格式

音频格式即声音编码方式。音频格式的最大带宽是 20000Hz，速率为 40～50kHz，采用线性脉冲编码调制（pulse code modulation，PCM），每一量化步长都具有相等的长度。常见的音频文件格式有 CD、WAVE、WMA 等。

微课：常见音视频格式

CD 格式的音质是较高的音频格式。在大多数播放软件中，都可以看到*.cda 格式，这就是 CD 音轨。标准 CD 格式也就是 44.1kHz 的采样频率，速率为 88kHz/s，16 位量化位数。

WAVE 格式是微软公司开发的一种声音文件格式，它符合资源交换档案标准（resource interchange file format，RIFF）文件规范，用于保存 Windows 平台的音频信息资源，被 Windows 平台及其应用程序所支持。

WMA 格式是来自于微软公司的"重量级选手"，后台强硬，音质要强于 MP3 格式，更远胜于 RA 格式，它和日本 YAMAHA 公司开发的 VQF 格式一样，以减少数据流量但保持音质的方法来达到比 MP3 压缩率更高的目的，WMA 的压缩率一般可以达到 1：18 左右。

2. 视频格式

视频格式实质是视频编码方式，可以分为适合本地播放的本地影像视频和适合在网络中播放的网络流媒体影像视频两大类。尽管后者在播放的稳定性和播放画面质量上可能没有前者优秀，但网络流媒体影像视频的广泛传播性使之正被广泛应用于视频点播、网络演示、远程教育、网络视频广告等互联网信息服务领域。

MPEG 的英文全称为 Moving Picture Experts Group，即运动图像专家组格式，VCD、SVCD、DVD 就是这种格式。MPEG 文件格式是运动图像压缩算法的国际标准，它采用了有损压缩方法，从而减少运动图像中的冗余信息。MPEG 的压缩方法是指保留相邻两幅画面绝大多数相同的部分，而把后续图像和前面图像中有冗余的部分去除，从而达到压缩的目的。MPEG 的主要压缩标准有 MPEG-1、MPEG-2、MPEG-4、MPEG-7 与 MPEG-21。

音频视频交错（audio video interleaved，AVI）是将视频和音频封装在一个文件中，且允许音频同步于视频播放。

MOV 即 QuickTime 影片格式，它是 Apple 公司开发的一种音频、视频文件格式，用于存储常用数字媒体类型。Quick Time 原本是 Apple 公司用于 macOS 计算机上的一种图像视频处理软件。

H.264 标准是 ITU-T 与 ISO 联合开发的新一代视频编码标准，这一新的图像信源编码压缩标准于 2003 年 7 月由 ITU 正式批准。与 MPEG-2 相比，在同样的图像质量条件下，H.264 的数据速率只有其 1/2 左右，压缩比大大提高。通常也称 H.264 标准为高级视频编码标准（以 AVC 表示）。

3. 视频剪辑软件

剪映是一款视频编辑工具，带有全面的剪辑功能，支持变速，有多样滤镜和美颜的效果，有丰富的曲库资源。自 2021 年 2 月起，剪映支持在手机移动端、Pad 端、macOS 计算机、Windows 计算机全终端使用。

Premiere 是视频编辑爱好者和专业人士必不可少的视频编辑工具。它可以提升人们的创作能力和创作自由度，它是易学、高效、精确的视频剪辑软件。Premiere 提供了采集、剪辑、调色、美化音频、字幕添加、输出、DVD 刻录的一整套流程，并和其他 Adobe 软件高效集成，使人们足以完成在编辑、制作、工作流上遇到的所有挑战，满足人们创建高质量作品的要求。

会声会影是加拿大 Corel 公司制作的一款功能强大的视频编辑软件，正版英文名为 Corel Video Studio，具有图像抓取和编修功能，可以抓取、转换 MV、DV、V8、TV 和实时记录抓取画面文件，并提供 100 多种编制功能与效果，可导出为多种常见的视频格式，甚至可以直接制作成 DVD 和 VCD 光盘。

 任务拓展

请制作一个你自己家乡的简易宣传片。

任务 *5.3* 制作旅游网页

☞ 任务描述

城市宣传是一个城市形象的重要组成部分，通过对城市的特色进行梳理，并利用网页的形式将其展示出来，能够有效提升一个城市的影响力。本任务要求制作如图 5-21 所示的旅游网页，包括网页 HTML 框架搭建、CSS 样式、文字、图片、视频、色彩等内容。

☞ 任务目标

1. 掌握常见的 HTML5 标签，并能搭建网页的框架。
2. 掌握 CSS 的语法规范，并能美化网页。
3. 掌握网页制作的流程与规范。
4. 了解网页的版式设计，以及网页色彩与字体设计。
5. 培养精益求精的编码态度，提升数字设计美感。

图 5-21　旅游网页效果图

任务实施

1. 界面布局分析

根据宣传的需要，设计网页的基本逻辑结构，如图 5-22 所示。

微课：旅游网页制作

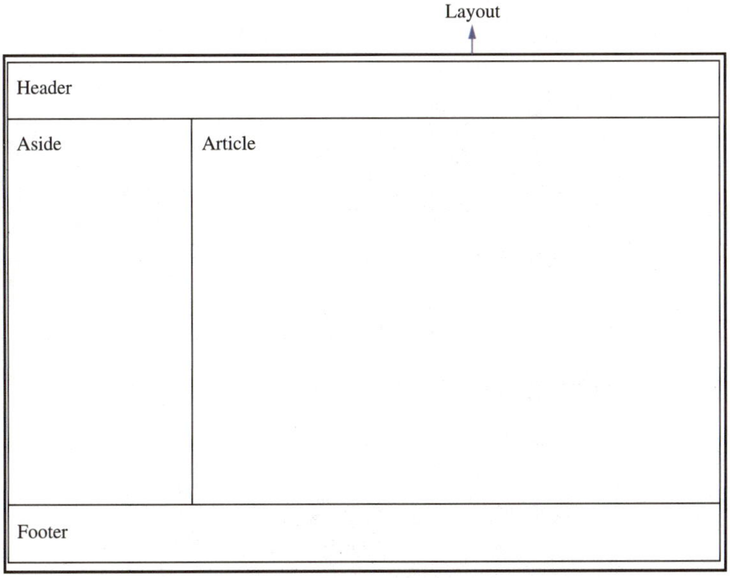

Layout

Header	
Aside	Article
Footer	

图 5-22　网页的逻辑结构

2. 设置网页的 HTML 结构

打开 VS Code 编辑器，新建一个空白的页面，并在<body>与</body>标签之间编写网页的基本结构，如图 5-23 所示。

3. 设置 CSS 基础样式

为了让网页有一个通用的样式，网页设计者会为网页编写基础 CSS 样式，如图 5-24 所示。

```html
<body>
<div id="layout">
    <header>...
    </header>
    <aside>...
    </aside>
    <article>...
    </article>
    <div class="clear"></div>
    <footer>...
    </footer>
</div>
</body>
```

图 5-23　设置网页的 HTML 结构

```css
* {
    margin: 0px;
    padding: 0px;
    border: none;
    list-style: none;
}
body {
    font-size: 14px;
    line-height: 1.8em;
}
.clear {
    clear: both;
}
#layout {
    width: 900px;
    margin: 5px auto;
}
```

图 5-24　设置网页基础 CSS 样式

4. 设置网页 Header 部分

1）设置 Header 部分的 HTML 结构，如图 5-25 所示。

```html
<header>
    <nav>
        <ul>
            <li><a href="Chengdu.html" class="now">成都</a></li>
            <li><a href="Beijing.html">北京</a></li>
            <li><a href="Shanghai.html">上海</a></li>
            <li><a href="NewYork.html">纽约</a></li>
            <li><a href="Paris.html">巴黎</a></li>
            <li><a href="More.html">更多城市</a></li>
        </ul>
    </nav>
</header>
```

图 5-25　设置 Header 部分的 HTML 结构

2）设置 Header 的总体样式，如图 5-26 所示。

```css
header {
    height: 76px;
    margin-bottom: 10px;
    background-color: #7eb7e2;
    background: url(img/kankan.jpg) no-repeat;
}
```

图 5-26　设置 Header 的总体样式

3）设置 Header 部分的导航栏样式，如图 5-27 所示。

```css
nav {
    position: absolute;
    margin-top: 20px;
    margin-left: 350px;
}
li {
    float: left;
    list-style: none;
}
a {
    color: ■#000000;
    display: block;
    padding: 10px 15px;
    font-size: 22px;
    text-decoration: none;
    border: 1px solid □#ffffff;
}
.now {
    color: □#FFff00;
}
a:hover {
    color: □#FFff00;
    border-bottom: none;
}
```

图 5-27　设置 Header 部分的导航栏样式

Header 部分的效果图如图 5-28 所示。

图 5-28　Header 部分的效果图

5. 设置网页 Aside 部分

1）设置 Aside 部分的 HTML 结构，如图 5-29 所示。

2）设置 Aside 部分的 CSS 动画样式，如图 5-30 所示。

```html
<aside>
  <ul>
    <li><img src="img/jiuyanqiao.jpg" >
      <h3>九眼桥</h3>
    </li>
    <li><img src="img/qingchengshan.jpg" >
      <h3>青城山</h3>
    </li>
    <li><img src="img/dufucaotang.jpg" >
      <h3>杜甫草堂</h3>
    </li>
    <li><img src="img/dujiangyan.jpg" >
      <h3>都江堰</h3>
    </li>
  </ul>
</aside>
```

图 5-29　设置 Aside 部分的 HTML 结构

```css
aside {
    width: 300px;
    float: left;
    margin-right: 10px;
    text-align: center;
}
aside ul li {
    margin-top: 15px;
    transition: all .3s;
}
aside ul li:hover {
    transform: scale(1.05);
}
```

图 5-30　设置 Aside 部分的 CSS 动画样式

Aside 部分的效果图如图 5-31 所示。

图 5-31　Aside 部分的效果图

6. 设置 Article 部分

为 Article 部分添加视频核心代码，代码如下。

```
<video src="media/chengdu.mp4" playsinline autoplay="false" controls controlslist="nodownload" width="100%"></video>
```

Article 部分的效果图如图 5-32 所示。

成都 （四川省省会、副省级市）

　　成都，四川省辖地级市，简称蓉，别称"蓉城、锦城"，是四川省省会、副省级市、特大城市，西部战区机关驻地，国务院确定的国家重要高新技术产业基地、商贸物流中心和综合交通枢纽，是西部地区重要的中心城市。

风景名胜

　　成都拥有武侯祠、杜甫草堂、永陵、望江楼、青羊宫、文殊院、明蜀王陵、昭觉寺等众多历史名胜古迹和人文景观。成都也是四川大熊猫栖息地，拥有大熊猫基地。

图 5-32　Article 部分的效果图

7. 设置 Footer 部分

　　同理，根据 Header 部分的制作方法制作 Footer 导航栏，具体操作这里不再赘述，结果如图 5-33 所示。

| 自由行 | 跟团游 | 订机票 | 订酒店 | 换签证 |

图 5-33　Footer 部分的效果图

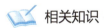 **相关知识**

1. Web 标准

　　Web 标准不是某一个标准，而是一系列标准的集合。网页主要由 3 部分组成，即结构、表现和行为。对应的标准也分 3 个方面，即结构化标准（主要包括 XHTML 和 XML）、表现标准（主要包括 CSS）和行为标准［主要包括对象模型（如 W3C DOM）、ECMAScript 等］。这些标准大部分由万维网联盟起草和发布，也有一些是其他标准组织制定的标准，如欧洲计算机制造商协会（European Computer Manufacturers Association，ECMA）的 ECMAScript 标准。

微课：Web 标准

2. 主流浏览器内核技术

　　1）Chromium/Blink：由谷歌公司开发的内核，是目前最为流行的浏览器内核，包括谷歌 Chrome、Microsoft Edge、Opera 等。

2）Gecko：由 Mozilla 基金会开发的内核，主要用于 Firefox 浏览器。

3）WebKit：由苹果公司开发的内核，最初是为 Safari 浏览器设计的，也被用于其他浏览器，如 UC 浏览器、360 浏览器等。

4）Trident：由 Microsoft 开发的内核，曾被用于 Internet Explorer 浏览器，目前已被 Edge 采用 Chromium/Blink 内核代替。

 任务拓展

设计并制作一个介绍家乡农产品的网页。

参 考 文 献

侯丽梅，赵永会，刘万辉，2019. Office 2016 办公软件高级应用实例教程[M]. 2 版. 北京：机械工业出版社.

李琴，王德才，李莹，2023. 信息技术模块化教程[M]. 北京：科学出版社.

刘志东，陶丽，谢亮，2021. 高职信息技术应用项目化教程[M]. 北京：科学出版社.

罗群，刘振栋，2020. 计算机网络基础项目化教程[M]. 上海：复旦大学出版社.

钱新杰，张娅，2020. 计算机应用基础（Windows 10+Office 2016）[M]. 北京：中国轻工业出版社.

于薇，吴媛，2020. 计算机应用基础项目化教程（Windows 10+Office 2016）[M]. 北京：北京理工大学出版社.

赵丽敏，杨琴，2019. 计算机应用基础教程[M]. 北京：清华大学出版社.